슈퍼파워 효소의 경이

여기에도 효소, 저기에도 효소

가루베 이사오
고토 마사오   지음

공광훈   옮김

BLUE BACKS
韓國語版

スーパーパワー酵素の驚異
ここにも酵素, あれも酵素
B-970 ⓒ 輕部征夫, 後藤正男
1993
日本國·講談社

【지은이 소개】

가루베 이사오 輕部征夫
1942년생. 도쿄대학 첨단과학연구센터 교수.
1966년 도쿄수산대학 수산학부 졸업, 1972년 도쿄공업대학 대학원 수료 후 미국 일리노이대학 식품과학과 연구원, 귀국 후 도쿄공업대학 교수 등을 걸쳐 현재에 이름. 바이오센서의 세계적 권위자이며, 『바이오로망』외 많은 저서가 있다.

고토 마사오 後藤正男
1951년생. NOK주식회사 연구개발본부 개발1부 주임. 1975년 홋카이도대학 이학부 졸업. 졸업 후 NOK주식회사에 근무. 공학박사(1991년 도쿄대학). 바이오센서 개발 연구자이다.

【옮긴이 소개】

공광훈 孔光勳
1959년 인천 출생.
중앙대학교 화학과 졸업(화학 전공, 1986).
중앙대학교 대학원, 이학석사(유기생화학 전공, 1989).
일본 도쿄대학교 대학원, 이학박사(생화학 전공, 1993).
중앙대학교 이과대학 화학과 교수(1993~현재).
전문분야 : 생화학, 단백질공학, 유전자공학, 효소화학.
　　　　　유전자공학적 수법을 이용한 단백질의 구조와 기능 상관성 연구.
　　　　　열안전성 효소의 창출과 응용에 관한 연구.
　　　　　약제내성(drug resistance)의 작용기구 해명과 항암제의 개발에 관한 연구.

머리말

최근에는 여러 가지 면에서 효소가 이용되고 있다. 그 중의 한 예로서 세제를 들어보기로 하자. 세제라 하면 커다란 상자가 연상된다. 현재 공업적으로 만들고 있는 비누(세제)는 유지를 분해하면 나오는 지방산이라고 하는 일종의 산을 알칼리로 중화한 것이며, 다양한 종류의 합성세제가 시중에 나오고 있다.

그러나 이러한 세제로 옷을 깨끗이 세탁하려면 상당한 양을 세탁기 속에 넣지 않으면 효과가 나타나지 않는다. 따라서 지금까지의 세제는 대형 상자에 넣어야만 했던 것이다. 이러한 이미지가 너무나도 강했기 때문에 1987년, 어느 세제 회사에서 효소가 함유된 소형 세제를 발매하였을 때, 처음에는 이 세제의 효과가 일반 소비자에게는 눈에 띄지 않았다고 한다. 그 이유는 종전의 것에 비해 상당히 작은 상자에 들어 있고, 한 숟갈 정도의 세제로 의복을 세탁할 수 있다는 것은 그때의 상식으로는 도저히 생각할 수 없었기 때문이다.

개발한 제조회사의 이야기로는, 이 효소가 든 세제의 효과는 처음에는 입에서 입으로 전해지면서 광고되었다고 한다. 가령 어느 가정주부가 흰 양말을 세탁할 때 매우 어려움을 겪었는데, 이 효소가 함유된 세제를 써 보니 흰 양말이 새하얗게 세탁되어 '쓸 만하다'라는 말이 퍼지게 되었다고 한다. 또한 소형이고 가벼워서 주부들이 슈퍼에서 사올 때 편리하고 좁은 집에서도 그다지 자리를 차지하지 않으므로 좋은 평이 계속해서 생겨났다고 한다.

그러면 세제—전문용어로는 계면활성제라 한다—와 효소의 차이를 알아보기로 하자. 종전의 세제는 계면활성제가 기름때를 둘러싸서 섬유에서 떼어 내는 것이다. 따라서 어느 정도 활성제의 농도가 짙지 않으면 세척효과는 나타나지 않는다.

반면에 효소는 기름때 그 자체에 직접 작용하여 분해시켜 버린다. 게다가 효소는 하나의 기름때가 분해되면 다음의 기름때를 제거하기 위해 계속해서 도전한다. 즉 효소와 계면활성제가 다른 점은 기름때를 제거하고자 하는 횟수에 있다. 효소의 작용은 매우 효율적이며 활성제보다 빠른 속도로 더러움을 제거하는 데 있다.

본문에서도 검증하겠지만 이러한 차이는 보통의 화학반응과 효소반응을 비교해 보면 일목요연해진다.

효소의 작용에 대하여 세제를 예로 들어 간단히 설명하였으나 이처럼 효소는 세제뿐이 아니라 지금 여러 가지 면에서 이용되고 있다. 우리 소비자는 '효소 함유'라고 적혀 있는 것만 볼 뿐이지, 실제로 어떤 효소가 그 제품 속에 들어 있으며 어떤 작용을 하고 있는지 거의 모르고 있다.

그러므로 효소의 작용, 즉 효소의 초능력을 밝히고, 또한 효소의 응용, 더 나아가서 현재의 바이오테크놀러지의 중심적 역할을 담당하고 있는 모든 효소작용을 밝히기 위하여 이 책을 쓰기로 하였다.

이 책의 출판에 있어 고단샤(講談社) 과학도서출판부의 후쿠지마(福島眞一)씨에게 크게 신세졌다. 깊이 감사드린다.

1993년 5월
가루베 이사오

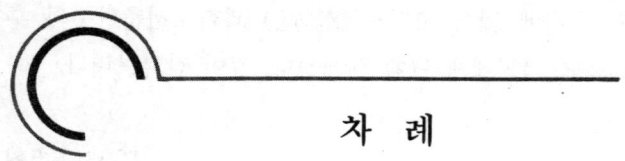

차 례

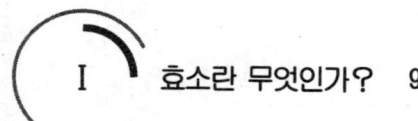
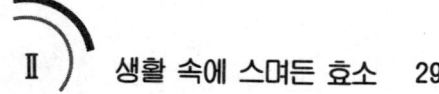
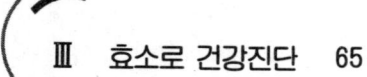

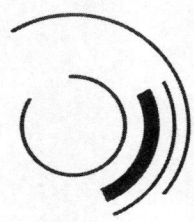

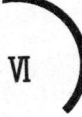
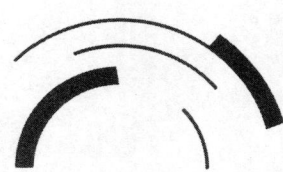

I

효소란 무엇일까?

효소의 발견

효소가 발견된 것은 지금으로부터 약 200년 이상 전이다. 1785년, 이탈리아의 박물학자 스팔란차니(L. Spallanzani)는 구멍이 뚫린 금속통 속에 고깃점을 넣고 매에게 먹이는 실험을 했다. 얼마 후에 이 금속통을 꺼내었더니 통 속의 고기만 용해되었다고 한다. 그러나 이 당시에는 왜 고기가 용해되는지 몰랐다. 수십 년 동안 여러 가지 실험이 시도되었다.

동물의 위에서 위액을 추출하여 고기에 뿌리면 고기가 용해되지만 중성으로 하면 용해되지 않는다. 산성에서 잘 용해되고 또한 위액을 가열하면 용해되지 않는다는 것 등을 알았다. 그러는 동안에 고기를 용해시키는 작용을 하는 물질을 펩신(pepsin)이라고 부르게 되었다. 이것이 최초의 단백질을 분해하는 효소의 발견이다.

그로부터 50년 후인 1833년, 프랑스의 화학자 페양(A. Payen)과 페르소(J. F. Persoz)가 보리의 맥아에서 추출한 액체를 녹말에 작용시켰더니 녹말이 분해되는 것을 발견하였다. 이 녹말을 분해하는 물질에 디아스타아제(diastase)라는 이름을 붙였다. 이 효소는 지금은 아밀라아제(amylase)라고 부른다.

이처럼 여러 가지 작용을 하는 효소의 존재가 막연하게나마 이곳 저곳에서 인정받게 되었다. 이와 같은 작용을 하는 것이 효소라는 이름으로 불리게 된 것은 1800년대 후반으로, 영어로는 엔자임(enzyme)이라고 한다. 이것은 그리스어로 '효모 속에 있는 것'이라는 뜻이다(1878년에 큐네가 제창하였다).

　그런데 효모라는 것은 여러 가지 당류를 발효시켜 알코올을 만드는 미생물이다. 이들 효모 중에는 다양한 효소가 있으며, 그 작용으로 맥주나 와인 등의 알코올이 만들어진다. 이 효모의 작용에 대해서도 많은 논의가 있었다. 먼저 알코올 발효는 생명체의 작용이 아니고 특정한 어떤 물질의 작용에 의해 행하여진다는 생각이 있었다. 이것에 대해 프랑스의 루이 파스퇴르(Louis Pasteur)는 "발효에는 살아있는 효모가 필요하며 발효라는 현상과 생명하고는 불가분이다"라고 주장하였다. 그는 발효가 살아있는 효모에 의해 생겨난다는 것을 실험에 의해 훌륭하게 증명하였던 것이다(1861년).

　그 후 살아있는 효모 대신에 갈아 이긴 효모를 사용해도 알코올 발효가 일어난다는 사실이 부흐너(Buchner) 형제(1897년)에 의해 제시되었다. 알코올을 만들기 위해 효모 속에서 여러 효소가 작용하고 있는 것이 상상되었다(실제로는 12종류의 효소가 관여한다는 것이 현재 알려져 있다).

　그런데 이들 효소가 무엇으로 되어 있는지에 대해서는 그 후 얼마동안은 알지 못했다.

　1926년에 이르러 미국의 섬너(J. B. Sumner)가 작두콩에서 우레아제(urease)라는 효소를 결정형으로 추출하는 데 성공하였다. 이 효소에 대한 연구과정 중에 이 우레아제 결정이 단백질이라는 사실을 알게 되었다. 단백질은 우리들의 몸을 구성하는 성분의 하나이며 아미노산이 여러 개 이어진 것이다.

효소의 작용과 효소의 명명

우리들의 몸 속에는 수천 개의 효소가 있으며, 우리들이 살 아가는 데 필요한 모든 화학반응을 원활하게 진행시키는 작용을 하고 있다. 우리들은 매일 식사를 하지만 음식물의 종류나 양은 그때마다 다르다. 그러나 어떠한 것을 먹더라도 우리들의 몸 속에서는 효소가 작용하고 있는 것이다. 가령 녹말과 같은 탄수화물의 경우에는 아밀라아제라고 부르는 효소가 작용하여 최종적으로는 글루코오스(glucose)로 분해된다.

또한 단백질을 먹었을 경우에는 프로테아제(protease, 단백질분해효소)라는 효소가 작용하여 아미노산으로까지 분해된다. 지질은 리파아제(lipase, 지방질가수분해효소)라 부르는 효소에 의해 다가(多価)의 알코올과 지방산으로 분해된다. 우리들의 몸 속에서는 수천 가지의 화학반응이 동시에 진행되고 있다. 이들 수천 가지의 효소가 진행시키는 반응이 모두 다르다는 사실은 참으로 놀라운 일이다.

앞에서 언급한 바와 같이 효소에는 프로테아제 등의 이름이 붙어 있는데, 이것으로 알 수 있듯이 처음에는 명칭의 어미에 '아제'라고 붙여서 효소의 이름으로 하는 것이 시행되었다. 즉 효소의 작용을 받는 물질의 명칭 뒤에 '아제'를 붙여서 효소의 이름으로 했다. 그러나 하나의 효소가 다른 이름으로 불리거나, 다른 효소가 같은 이름으로 불리는 등의 혼란이 생기게 되었다. 이러한 혼란을 피하기 위해서 효소를 바르게 명명하는 방법이 고안되었다.

효소는 그 작용에 따라 현재 6종류로 분류되고 있다. 그 6종

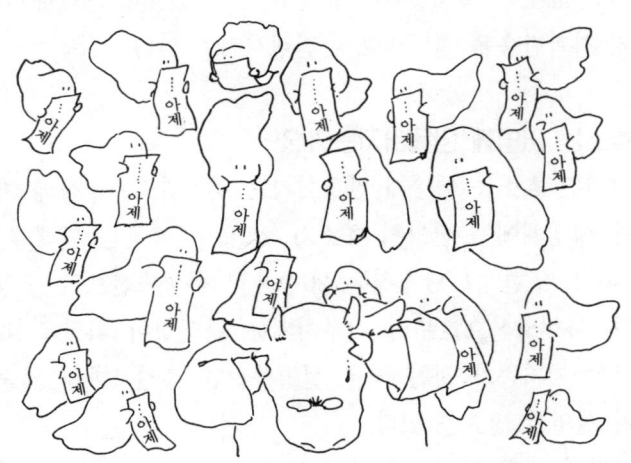

효소의 이름에 혼란이 생기면…

류를 소개해 보자.

첫째는 산소나 수소 혹은 전자를 주거나 받는 산화나 환원 반응을 일으키는 산화환원효소(oxidoreductases)가 있다. 둘째는 화합물 사이에서 원자 또는 원자단(기)을 옮기는 작용을 하는 전달효소(transferases)를 들 수 있다. 세번째는 물의 존재하에서 화합물을 분해하는 가수분해효소(hydrolases), 네번째는 화합물에서 반응기를 떼어 내는 분해효소(lyases), 다섯째는 이성질화라 하여 화합물의 분자량은 같아도 구조를 바꾸는 작용을 하는 이성질화효소(isomerases)를 들 수 있다. 마지막 여섯번째는 화합물끼리 결합시키는 연결효소(ligases)이다.

우리 몸 속에는 수천 종류의 효소가 있다고 이야기했으나 이러한 효소는 이 6종류로 분류할 수가 있으며 체내에서 여러 가지 화학반응을 선택적으로 진행시키고 있다.

효소는 어떻게 만들어지는가?

그러면 효소는 어떻게 만들어지는 것일까? 지구상에 자라는 모든 생명체에는 반드시 효소가 있고 그 효소는 단백질로 되어 있다. 또한 그 단백질은 20종류의 아미노산으로 구성되어 있다. 아미노산으로부터 이루어지는 단백질이 어떻게 체내에서 만들어지는가 하는 것을 설명하려면 유전자까지 거슬러올라가 설명할 필요가 있다.

사람에 대해서는 아직 알지 못하는 점도 많으므로 여기에서는 미생물을 예로 들어 설명하기로 하자. 우리들의 대장 속에는 대장균이 있다는 것은 잘 알려져 있다. 이 대장균 속에는 2000종류 이상의 효소가 존재하고 있는데, 이들 효소는 유전자에 쓰여진 설계도에 따라 생산된다. 그러면 여기에서 유전자의 이야기를 약간 하기로 하자.

중학생 시절에 배운 유전에 관한 법칙, 즉 완두콩을 사용한 멘델의 법칙을 어렴풋하게나마 상기해 주기 바란다. 멘델은 어떤 요소(要素)가 다음 대에 전해져 2대째가 만들어지는 것을 증명하였다(1865년). 이 요소에 해당하는 것이 DNA(데옥시리보핵산)라는 새끼줄 모양의 화학물질이라는 사실이 알려진 것은 극히 최근의 일이다. 왓슨(Watson)과 크릭(Crick)

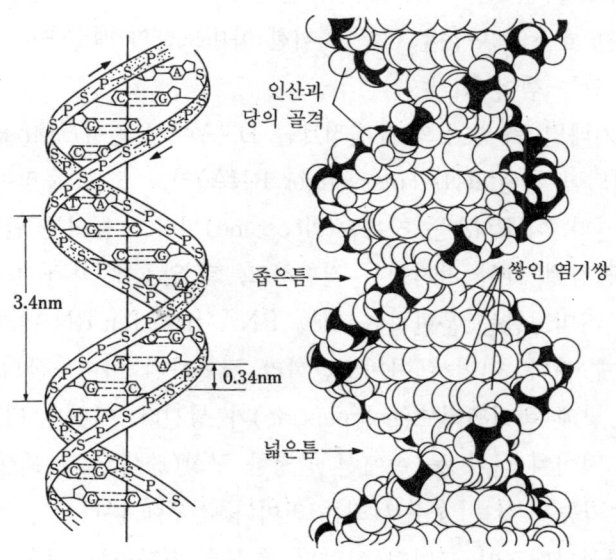

인산과
당의 골격

좁은틈 →

쌓인 염기쌍

3.4nm

0.34nm

넓은틈 →

Ⅰ-1 DNA의 이중나선 구조

은 1953년 DNA의 구조로서 이중나선 구조의 모델을 제안하였다. DNA는 염기라는 화합물, 당 그리고 인산이 결합한 것으로 이루어져 있다. 이때 유전의 암호로서 쓰이고 있는 것은 4종의 염기 화합물로서 구아닌(guanine), 시토신(cytosine), 아데닌(adenine), 티민(thymine)이라 불린다.

지구상에 존재하는 모든 생물은 이 4종의 염기로 이루어진 유전자를 갖고 있다. 이 4종의 염기 중 구아닌과 시토신, 아데닌과 티민이 두 줄의 사슬 사이에 서로 결합된 나선 구조로 되어 있다. 이 4종의 염기배열에 따라 아미노산이 지정된다.

즉 효소를 만드는 설계도는 유전자이며, 그 유전자에 쓰여진 암호는 효소의 모양을 이루기 위한 아미노산의 배열순서를 정하고 있는 셈이다.

염기배열, 즉 효소의 유전정보는 DNA에서 전사(transcription)되어 전령 RNA(messenger RNA)라고 하는 물질이 만들어진다. 이 RNA는 리보솜(ribosome)이라고 불리는 단백질 제조공장에 가서 거기에서 결합하고, 그 암호에 따라 끝에서부터 아미노산을 운반하는 전달 RNA(transfer RNA)가 결합하게 된다. 이어서 아미노산끼리 결합하여 아미노산의 줄, 다시 말해 폴리펩티드(polypeptide)가 생긴다. 이것은 리보솜에서 떨어져 나가 물 속에서 안정한 구상(球狀)으로 되어 특정한 기능을 갖는 효소로 되는 것이다. 경우에 따라서는 몇 개의 구상단백질이 모여져 하나의 효소를 이룩하는 경우도 있다.

이렇게 해서 만들어진 효소는, 가령 고초균(*Bacillus subtilis*)의 경우는 그대로 균 속에 머물러 있거나(균체내효소라 한다), 세포막을 통과하여 밖으로 배출된다(균체외효소라 한다).

바이오테크놀러지가 진전하므로 특정 효소의 유전자가 결정되면 그 유전자를 대장균 혹은 고초균과 같은 미생물에 도입시켜 효소를 대량생산할 수 있게 되었다. 그러므로 효소의 응용범위도 현저하게 넓어지게 되었다.

효소작용의 메커니즘

상이한 생물에 유사한 작용을 하는 효소가 있다. 그러나 이

들 효소의 아미노산 배열이 같은가 하면 그렇지는 않다. 이것
은 진화와 관계가 있는 것 같다.

생명이 35억 년 전에 이 지구상에 탄생하였을 때, 그때의
생명체는 남조류의 원시적인 것이었다. 그 후 식물, 동물로의
진화를 거듭하는 과정에서 효소의 유전자에도 변화가 생겨,
종에 따라서 아미노산의 배열이 달라지게 된 것이다. 따라서
같은 작용을 하는 효소, 예를 들어 RNA를 분해하는 리보뉴
클레아제(ribonuclease, 리보핵산가수분해효소)의 아미노산
배열에 대해 종과 종을 비교함으로써 진화의 경로를 추정할
수도 있다.

효소의 모양은 앞에서 설명했듯이 구상(球狀)이지만 구체적
으로는 어느 정도의 크기일까? 효소는 그 종류에 따라 분자량
이 현저하게 다르나 통상의 화학물질과 비교하면 거대한 분자
라고 할 수 있다. 보통, 효소의 크기는 5~20nm이다. 1nm(1
나노미터)는 1mm의 100만분의 1이므로 일반 현미경으로는
효소를 볼 수 없다. 참고로 대장균의 크기는 2000nm 정도이
다.

효소에는 활성부위라고 하는 움푹 들어간 부분이 있는데 이
것은 효소의 작용에 불가결한 것으로 목적으로 하는 화학물질
(기질 : substrate)을 잡아두고 반응을 촉진시키는 부분이다.
이 활성부위에 결합되는 것은 특정한 물질만이며 일반적으로
그 이외의 물질과 효소가 결합하지는 않는다. 이 활성부위에
결합시키는가, 결합시키지 않는가에 따라 효소는 목적물질을
엄밀하게 선택하는 것이다.

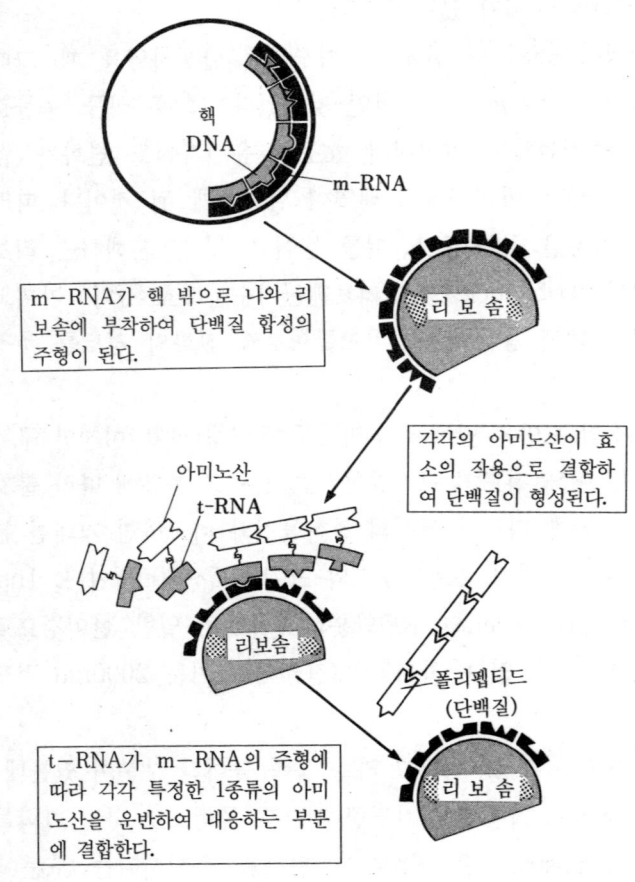

핵
DNA

m-RNA

m-RNA가 핵 밖으로 나와 리보솜에 부착하여 단백질 합성의 주형이 된다.

리 보 솜

각각의 아미노산이 효소의 작용으로 결합하여 단백질이 형성된다.

아미노산
t-RNA

리보솜

폴리펩티드
(단백질)

t-RNA가 m-RNA의 주형에 따라 각각 특정한 1종류의 아미노산을 운반하여 대응하는 부분에 결합한다.

리 보 솜

Ⅰ-2　단백질의 합성〔에하라(江原有信), 후루야(古屋庫造)「生物 Ⅰ」에서〕

이 활성부위에 들어가는 것만이 효소의 작용을 받게 되는 길이다. 이 활성부위에 화학물질인 기질이 결합되면 단백질인 효소의 구조에 변화가 생기는 것이 관찰된다. 변화의 크기는 전체적인 경우도 있고 부분적인 경우도 있다. 이 활성부위와 기질과의 관계는 1894년, 피셔(Fischer)에 의해 열쇠와 열쇠 구멍의 관계로 설명되었다. 효소의 구조는 이 작용에 매우 중요하다. 예를 들면 아미노산 중의 하나인 히스티딘(histidine)이 효소 활성을 발휘하는 경우도 있다.

최근에는 효소의 아미노산 배열과 X선을 이용한 구조해석이 이루어지고 있으며 컴퓨터 그래픽(computer graphics)을 사용하여 입체적인 효소의 구조를 구체적으로 포착하는 것이 가능해졌다. 참고로 아미노산 배열이 최초로 결정된 효소는 리보뉴클레아제(1963년)이다. 또한 입체구조가 최초로 결정된 효소는 아미노산 129개로 이루어진, 감기약으로도 잘 알려진 리소짐(lysozyme)이다. 아미노산은 아무렇게나 불규칙하게 배열되어 있는 것이 아니고 구상구조 속에 헬릭스(α−helix)라는 나선상 구조를 이루거나, 혹은 시트상(β−sheet)의 구조를 하거나, 머리핀(hair pin) 구조를 취하기도 한다. 컴퓨터 그래픽을 사용하면 효소와 화학물질의 반응양식을 입체적으로 재현할 수 있는데, 이 기술은 유전자공학을 이용하여 효소를 개량할 경우에는 특히 중요하다.

왜 효소를 개량해야만 하는가 하면, 천연의 효소를 응용하려면 여러 가지 문제가 생기는 경우가 있기 때문이다.

효소는 열, 산이나 알칼리 등에 대한 안정성에 문제가 있다.

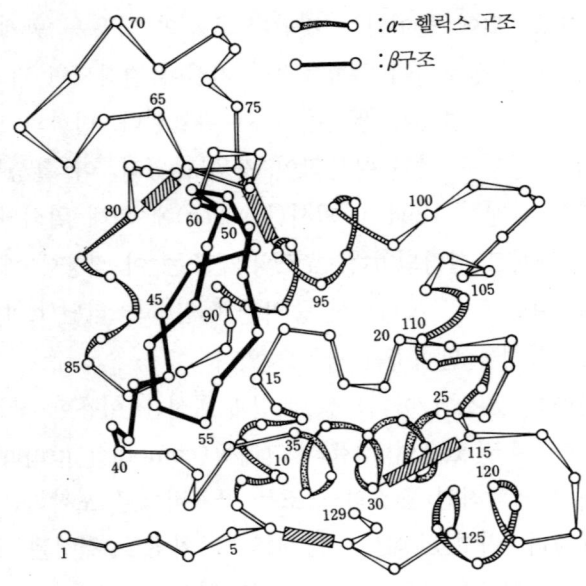

I-3 리소짐의 입체도

유전자공학을 이용하여 효소를 유전자 수준에서 개량할 수 있다면 보다 안정한 구조를 갖는 효소를 만들어 낼 수 있다. 이 기술은 단백질공학 혹은 프로테인 엔지니어링(Protein engineering)이라 하며 최근 크게 주목받고 있다.

놀라운 속도로 일어나는 효소반응

여기서는 효소가 진행하는 반응의 속도에 대해서 이야기해 보자. 효소는 반응을 촉진하는 기능을 갖고 있다. 그 정도는 효소에 따라 다르나 대체로 10^7배에서 10^{20}배 정도로 통상의 반응을 촉진시키는 촉매작용을 한다. 10^7배란 1000만 배를 말한다. 즉 1000만 시간이 걸리는 반응을 효소는 불과 1시간 만에 진행시켜 버리는 것이다.

예를 들면, 우리들의 몸 속에서는 산화효소가 관계하는 산화반응이 자주 일어나고 있다. 이 산화반응의 결과로 과산화수소라고 하는 물질이 생기기도 한다. 이 물질을 희석시킨 것이 상처를 소독하는 데 자주 쓰이는 과산화수소수이다. 또한 과산화수소는 살균작용 외에 발암성도 있다고 한다. 그러나 몸 속에는 이 과산화수소를 분해하는 효소가 있다. 카탈라아제(catalase)라 불리는 효소이다. 이 효소 하나가 1초 동안에 9만 개의 과산화수소 분자를 분해하는 능력을 갖고 있는 것이다.

놀라운 이 속도는 도대체 어디에서 비롯되는 것일까. 화학반응을 진행시키려면 에너지가 필요하다. 이 에너지를 가리켜 활성화에너지라고 부르는데, 화학반응을 일으키게 하려면 이 에너지의 장벽을 넘어야 할 필요가 있다. 효소는 이 활성화에너지를 낮추는 기능을 갖고 있다. 구체적으로 설명하면 과산화수소를 분해하는 데 필요한 활성화에너지는 75킬로줄(kJ)인데, 카탈라아제를 작용시키면 7킬로줄이면 된다. 즉 활성화에너지는 약 10분의 1이 되고 만다.

고등생물은 산소호흡을 하는데 산소의 수송과 체내에서 생성하는 이산화탄소를 체외로 배출하는 것은 대단히 중요하다.

체내 조직에서 생성된 이산화탄소는 주로 혈액을 통해 폐에서 체외로 배출된다. 이때에도 효소가 활약하고 있다. 탄산탈수효소(carbonic anhydrase)라고 불리는 효소 1개가 1초에

놀라운 속도로 반응한다.

60만 개의 이산화탄소와 물을 반응시킬 수 있다. 즉 이산화탄소는 이 효소에 의해 혈액에 용해되기 쉬운 탄산 이온으로 변하므로 혈액에 용해하기 쉽게 되어 정맥을 통해 폐로 수송된다. 이 경우, 효소가 없는 때와 비교하면 10^7배로 반응을 촉진시키게 된다. 이처럼 효소가 관여하는 반응을 현저하게 촉진시키는 기능이 바로 효소가 '슈퍼파워(초능력)'라고 불리는 까닭이다.

슈퍼파워로서의 효소의 특징으로 또 한 가지가 있다. 그것은 특정의 화학물질 외는 반응하지 않는다는 것으로, 상대를 선별하여 반응을 진행시키는 것이다. 가령 분자식은 같아도 구조는 마치 거울을 끼고 마주하고 있는 것 같은 구조의 차이

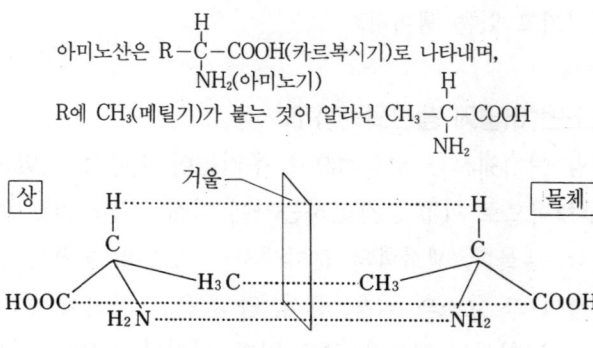

I-4 아미노산의 이성질체(알라닌)

를 갖는 물질(거울상 이성질체)이 있다. 이러한 구조의 차이를
갖는 물질들을 구별한다는 것은 매우 곤란하지만 효소는 이
차이를 쉽게 구별한다.

또한 탄소 12개로 구성된 당에는 수크로오스(sucrose : 서
당), 말토오스(maltose : 맥아당), 락토오스(lactose : 젖당) 등
이 있는데 이러한 물질을 엄밀하게 구별하여 반응을 진행시키
기도 한다. 이러한 현상은 통상적으로는 이해하기 어려울 정
도로 오묘한 현상이다. 효소는 이처럼 매우 선택적으로, 믿을
수 없을 정도의 빠른 속도로, 그리고 온화한 조건하에서 반응
을 진행한다.

효소는 상온, 1기압 그리고 중성에서 반응을 진행하는 것이
보통이다. 따라서 현재의 화학공업에서 사용되고 있는 무기화
합물의 촉매와는 비교할 수 없을 정도의 능력, 초능력을 갖고
있다고 말할 수 있다. 인간의 몸 속에는 수천 종류의 효소가
존재하여 우리들이 살아가는 데 필요한 화학반응을 끊임없이

진행시키고 있는 셈이다.

효소는 어떻게 생산되는가?

그럼 여기에서는 일상적으로 우리들이 이용하고 있는 효소를 구체적으로 어떻게 생산하는가에 대해 설명하기로 하자.

의학, 생물학, 생화학의 분야에서는 효소를 동식물조직에서 추출하여 그 효소의 작용, 활성, 양 등을 조사하여 병의 진단, 치료, 생명현상의 해명을 하고 있다. 이러한 경우에 효소를 추출하려면 많은 노력과 시간이 걸린다. 효소를 생체조직에서 순수(단일)한 상태로 적출하려면 조직의 파괴, 효소의 추출, 분리, 정제 등 매우 번거로운 조작이 필요하며 효소 그 자체는 매우 값비싼 것이 되게 마련이다.

의학 등의 분야에서는 순수한 효소가 필요할 때가 많으며 고가지만 현재에도 여러 가지 동식물조직에서 효소를 적출하여 이용하고 있다. 그러나 공업적으로 효소를 응용하려는 경우에는 반드시 순수(단일)해야 할 필요는 없다. 한편, 효소에 따라서는 그 기능을 저해하는 물질(저해제)이 있을 경우에는 그 물질을 제거할 필요가 있다. 효소를 경제적으로 대량생산하기 위해서 최근에는 미생물이 이용된다. 미생물은 효소를 세포 내에 갖고 있기도 하며, 또한 세포 밖으로 효소를 배출하기도 한다.

더욱이 유전자재조합기술을 이용하여 원하는 바의 효소를 대량으로 생산할 수 있는 일도 가능해졌다. 미생물의 특징은 그 증식 속도가 엄청나게 빠르다는 것이다.

가령 20분 동안에 1회의 비율로 2배로 분열하는 미생물의 경우, 5시간 후에는 하나의 미생물에서 3만 개나 되는 미생물이 탄생하게 되는 셈이 된다. 목적하는 바의 효소를 균체외로 배출하는 미생물을 대량으로 배양하여 그 배양액을 정제하면 단시간에 많은 효소를 얻을 수 있다.

균체내효소의 경우는 미생물 세포를 파괴하여 분리, 정제함으로써 원하는 바의 효소를 얻으나, 이 경우에는 균체외효소를 얻는 경우에 비해 다소 절차가 복잡하고 시간이 걸린다. 미생물을 사용하여 효소를 생산하는 경우에 가장 중요한 점은 미생물의 탐색(스크리닝 : screening)이다. 그 까닭은 원하는 효소를 어떠한 미생물이라도 생산해 내고 있지 않기 때문이다.

스크리닝이란 간단히 설명하면 여러 가지의 토양을 수집하여 그 속에 있는 미생물 중에서 원하는 바의 효소를 생산하는 미생물을 골라내는 것이다. 가령 당류를 분해하는 효소를 배출하는 미생물을 스크리닝할 경우, 분해물이 생길 때 착색하는 시약을 섞어 놓으면 그 미생물이 당류를 분해하는 효소를 생산하는지의 여부를 바로 알 수 있다. 그러나 실제로는 이처럼 간단하지 않다. 우선, 스크리닝 방법의 개발이 중요하다. 스크리닝 방법은 효소의 종류에 따라 다르다. 이러한 미생물의 스크리닝과 배양, 효소의 추출·분리·정제라는 과정을 거쳐서 현재는 400종류 이상의 효소가 제품이나 반제품의 형태로 판매되고 있다.

효소의 초능력을 이용한다

그러면 효소는 어떠한 형태로서 판매되고 있을까? 효소는 사용되는 용도에 따라 그 형태를 변형시켜 판매하고 있다. 가령 의약품으로 사용되는 경우에는 효소가 그 효과를 안정하게 발휘하게끔 잘 수송할 수 있도록 정제(錠劑) 모양으로 하거나 과립으로 한다. 효소의 최대 문제는 불안정성인데 안정제 등과 함께 제제화(製劑化)하는 일도 있다. 또한 목적하는 장소까지 가기 전에 용해되어 기능을 상실하는 일이 없도록 보호층을 여러 겹으로 코팅한 형태의 것도 있다.

세제의 경우에는 알칼리성에서 기능을 발휘하는 효소가 사용되고 있다. 이 경우에는 알칼리성의 조건에서 생육하고 있는 미생물이 만드는 효소를 사용하고 있다. 이처럼 다양한 고안에 의해 효소는 상품화된다. 효소는 물에 녹아서 활성을 발휘하는데 한번 물에 녹으면 되풀이해서 사용하기는 곤란하다.

효소는 일반적으로 값이 비싸므로 공업적으로 사용한 후 버릴 경우에는 큰 경제적인 손실을 초래하게 되기 때문에 이를 방지하기 위하여 고안된 것이 효소를 물에 녹지 않는 물질에 붙여서 효소를 반복하여 사용할 수 있게 하는 방법이다. 이러한 효소는 고정화효소라 하며 광범위하게 응용된다. 이러한 고정화효소는 생화학반응기인 바이오리액터(bioreactor)나 생체 물질의 측정장치인 바이오센서(biosensor) 등에 응용되고 있다.

효소는 그 목적에 맞추어 생산되고 여러 가지 형태로 바뀌어 생활 속에서 쓰이고 있다. 우리 주변에는 효소를 사용한 많은 제품이 있다. 우리는 자기도 모르는 사이에 효소를 사용하고 있는 것이다.

이 책에서는 이러한 효소 응용의 구체적인 예를 들어가면서 어떤 효소가 어떤 목적에 사용되는가를 설명하고자 한다. 여러분이 이 책을 다 읽고 나면 얼마나 많은 효소가 우리 생활 속에 스며들어 있으며 제각기 나름대로의 분야에서 그 슈퍼파워를 발휘하고 있는지를 이해하게 될 것이다.

II

생활 속에 스며든 효소

어떤 효소가 사용되는가

이미 효소가 어떤 것이며 어떤 작용들을 하는가에 대해서는 Ⅰ장에서 설명하였다. 효소는 지금 여러 곳에서 쓰이고 있다. 그러므로 효소의 응용 상태에 대해서 상세하게 알아보기로 하자. 효소 중에서 가장 많이 쓰이고 있는 것은 세제에 사용되는 프로테아제(protease)이며, 다음에 녹말에서 글루코오스(glucose)를 만들기 위한 아밀로글루코시다아제(amyloglucosidase), 이성화당이라고 하는 글루코오스와 과당의 혼합물을 만들기 위해 사용되는 글루코오스 이소메라아제(glucose isomerase)이다.

이와 같이 효소는 여러 가지 공업 제품을 만들기 위해 쓰이고 있다. 효소의 응용을 좀더 알기 쉽게 이해하기 위해 효소와 우리들의 생활을 연관시켜 생각해 보기로 하자.

이미 같은 블루백스(Blue backs) 시리즈에서 후지모토(藤本大三郞) 씨가 『나는 효소이다』(한국어 번역판 B143)를 썼는데 이 책은 가족을 통해서 효소를 알기 쉽게 설명하고 있다. 이 책에서도 그것을 본따서 한 가정에서 가족들이 각각 어떻게 효소와 접촉하는가에 대해 설명해 보자.

효소와 만나는 생활

이 이야기의 주인공은 시호자와 요시오 씨이며 현재 50세로서 바이오산업으로 유명한 도쿄발효공업주식회사 연구소의 발효응용부 부장으로 있다. 도쿄의 사립대학 공학부응용화학부 출신이다. 요시오 씨의 처인 사도꼬 씨는 어느 국립대학의 농예화학과를 졸업하고 같은 도쿄발효공업에 근무하다가, 요시오 씨와 사내연애로 결혼하고 지금은 주부로서 가정에서 아이의 학업과 부친의 일을 돌봐주고 있다. 부친은 이와오 씨이며 전에는 국립대학의 농예화학과 교수였으나 지금은 퇴직하여 2~3개 기업의 상담역을 하면서 여생을 보내고 있다. 부부 사이에는 아이가 하나 있다. 이름은 구니오라 하며 집 근처의 국민학교 4학년생이다. 이 4명의 가족이 하루의 생활 속에서 어떻게 효소와 관련을 맺고 사는가를 지금부터 이야기식으로 설명해 나가기로 하겠다.

하루의 생활은 아침에 시작되며 밤늦게까지 계속된다. 가족의 모두가 가정에서, 직장에서 혹은 학교에서 어떻게, 어떠한 경우에 효소와 접촉하는 것일까?

이것은 시호자와 일가에서의 슈퍼 파워 효소가 활약하는 이야기이다.

매일의 건강 체크도 효소로

×월○일, 시호자와 일가는 아침을 맞이했다. 부친인 이와오 씨는 역시 나이 탓인지 일찍 일어난다. 오늘 아침도 여느 때와 같이 5시 반에 일어나 산책을 나갔다. 6시가 되면 자명종 시계가 울린다. 처인 사도꼬 씨가 일어나 아침식사 준비를 한다. 6시 반이 되면 요시오 씨도 일어나 현관에서 신문을 갖고 온다. 동시에 그는 텔레비전 스위치를 켜서 뉴스를 본다. 7시가 되면 사도꼬 씨는 아들 구니오를 깨워 세면대에서 세수를 시킨다. 그 사이에 사도꼬 씨는 온 가족의 식사를 준비한다.

이때쯤 되면 부친은 산책에서 돌아오고서 곧바로 화장실에 들어간다. 이와오 씨는 요즘 당뇨병 증세가 있어 의사로부터 주의하라는 말을 들었다. 그러므로 매일 당뇨치를 측정하기로 하였다.

II-1 요 검사기기

현재 여러 가지 체액의 성분을 측정하는 시험지가 시판되고 있다. 그런데 왜 체액을 측정할 필요가 있을까? 그 이유는 장기(臟器) 등에 이상이 발생하면 요(오줌)나 대변의 화학성분에 변화가 일어나기 때문이다. 따라서 그 성분을 측정하면 그날의 건강 상태를 판단하는 것이 가능해진다. 이를 위하여 측정되는 것으로는 요당(요 속의 글루코오스), 요 속의 단백질, 요 속의 유로빌리노겐(urobilinogen), 요소, 요산 혹은 요나 대변 속의 잠혈 등을 들 수 있다.

즉 바꾸어 말해 이러한 것을 측정할 수 있다면 병의 검진을 화장실에서 할 수 있게 된다. 글루코오스의 농도를 측정함으로써 당뇨병이나 내분비이상 등을 발견할 수 있으며 요단백질을 조사하면 신염, 네프로제 증후군(nephrotic syndrome), 방광염, 임신중독증을 발견할 수 있다. 또한 요 속의 유로빌리노겐을 조사하면 간장 장애, 발열, 용혈성의 황달 등을 발견할 수 있다고 한다. 또한 요의 잠혈을 조사하면 신(장)염, 방광염,

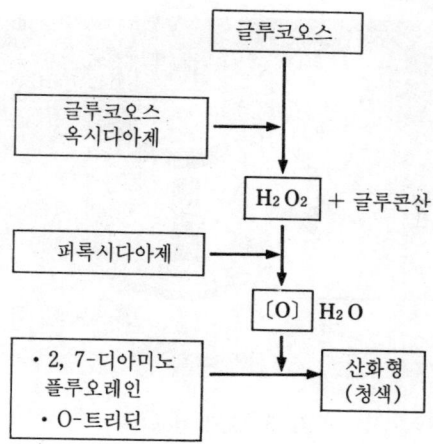

Ⅱ-2 글루코오스 시험지의 원리

신결석 등이 발견된다.

　이러한 성분을 측정하는 데 쓰이는 것이 시험지이다. 예를 들면 시험지 중에는 글루코오스 옥시다아제(glucose oxidase) 라는, 글루코오스를 산화하는 효소가 들어 있다. 이 효소의 작용에 의해 글루코오스가 산화되어 나오는 과산화수소가 같은 시험지 속의 퍼록시다아제(peroxidase)라는 효소와 반응하여 색소의 청색이 나타난다. 이 시험지색이 짙고 연한가를 조사함으로써 요 속의 글루코오스의 양을 조사할 수 있는 것이다.

　이와오 씨는 화장실에서 시험지에 요를 묻혀 각각의 성분 농도를 측정하는 것이 매일의 일과이다. 이미 요당, 요단백질, 요유로빌리노겐, 요잠혈을 동시에 측정할 수 있는 요의 시험지, 체커(checker)가 판매되고 있다. 다른 성분의 측정에도 마

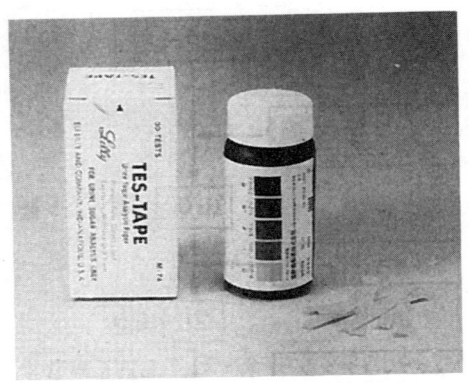

II-3 요당 검사지

찬가지로 여러 가지 효소가 쓰이고 있다. 또한 많은 기업에서
요시험지가 판매되고 있다.

향기를 내는 효소

화장실 안은 화장실 특유의 냄새가 나기 마련이다. 이 냄새
를 지우기 위해 향료가 사용되고 있는데 여기에도 역시 효소
가 이용되는 것이 있다. 자연계에서는 꽃 속에 있는 꿀샘이 효
소와 반응함으로써 향기를 발산하는 것이 알려져 있다. 이 원
리를 이용한 것이 방향제로서 판매되고 있다. 그 중의 어떤 것
은 향기 성분이 당과 결합하여 — 배당체라 한다 — 액체로 되
어 있다. 이것이 빨려나와 효소를 칠한 판을 통과하는 사이에
아밀라아제에 의해 가수분해되어 향료가 자연적으로 발생하는
것처럼 되어 있다. 이러한 원리를 사용하면 향기를 오랫동안

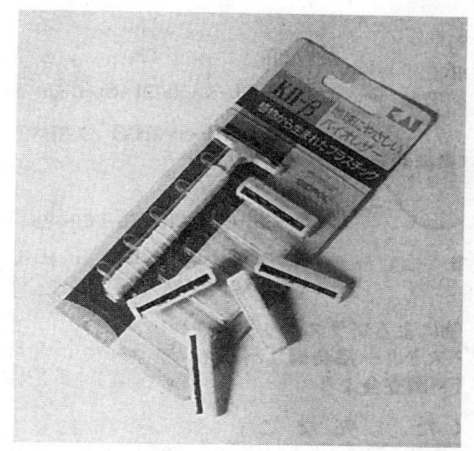

II-4 흙으로 환원되는 플라스틱을 사용한 면도기

방출할 수 있다. 이처럼 화장실의 방향제에도 아밀라아제라는
효소가 이용되어 배당체의 당 부분을 가수분해하여 향기 성분
을 방출하는 작용을 하고 있다.

흙으로 환원되는 플라스틱

　요시오 씨는 신문을 읽고 난 다음에 화장실에 가 면도하기
시작하였다. 면도기의 자루는 플라스틱이므로 실제로 이런 것
을 쓰고 나서 버리면 대량으로 축적되어 환경문제가 생긴다.
그러나 요시오 씨가 쓰고 있는 면도기는 생분해성의 폴리머
(polymer)를 주성분으로 한 것이다. 이것은 보통의 플라스틱
에서 볼 수 있는 것인데 실은 영국의 ICI라는 회사가 개발한
바이오폴이라고 하는 생분해성 폴리머를 채용한 것이다.

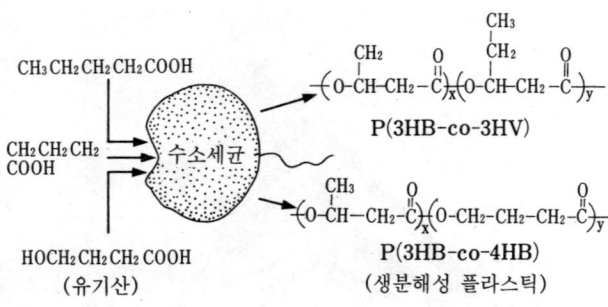

II-5 미생물에 의한 플라스틱 생산의 예. (재) 바이오인더스트리 협
회 편「바이오테크 편람 1991」통산(通産)자료조사회에서

　이 바이오폴은 수소세균이란 세균에서 만들어진 것으로 폴
리에스테르(polyester)라는 고분자로 되어 있다. 이 생분해성
폴리머로 만든 면도기는 쓰고 난 다음에 땅속에 버려두면 미
생물의 작용에 의해 분해되어 완전히 소멸되고 만다.

　물론, 철 부분은 녹슬어 흙으로 환원되게 마련이다. 이러한
플라스틱을 사용하면 환경파괴가 생기지 않는다. 이와 같이
한번 쓰고 나면 버리는 면도기는 보통 흔하게 판매되고 있다.

　이 바이오폴은 폴리에스테르로 되어 있으므로 미생물이 생
산하는 리파아제(lipase)라는, 에스테르(ester)를 가수분해하
는 효소의 작용에 의해 땅속에서 2~3년이면 완전히 분해되
고 만다. 실제로는 미생물에 의해 분해되지만 그 중에서도 효
소가 중요한 역할을 하고 있다.

치즈가 몸에 좋은 것은 효소 때문일까?

자, 이제는 온 가족 모두가 식탁에 모여 각자가 자기 자리를 잡았다. 시호자와 일가의 아침식사는 언제나 양식이며 빵이나 치즈 등이 식탁 위에 놓인다. 이 치즈도 효소의 작용으로 만들어진 것이다. 치즈는 스타터(starter) 라는 젖산균을 우유에 넣어 발효시켜 산성으로 한 다음에, 우유를 굳어지게 하는 효소인 레넷트(rennet)를 가하여 유단백질을 응고숙성시킨 것이다.

치즈의 종류는 많게 잡아 주된 것만 하더라도 약 400종류가 있다고 한다. 이 치즈를 만드는 단계에서 사용되는 것이 응유효소(凝乳酵素)인 키모신(chymosin) 혹은 레닌(rennin)이라는 것이다.

이 레넷트란 생후 3~5주가 된 송아지의 제4위를 소금에 절인 건조물에서 식염수로 추출한 추출물로서 그 속에는 키모신(레닌)을 함유하고 있다. 우유에 레넷트를 가하면 이 키모신의 작용에 의해 카제인(casein)이 응고한다. 종래에는 성장해도 별로 쓸모없는 수컷 젖소의 제4위에서 레넷트를 추출하였으나, 최근에는 수컷 젓소도 식육으로 쓰이게 되어 송아지를 죽이는 것은 아깝기도 하고 또한 잔혹하다고 하는 세상이 되었다.

그리하여 송아지의 도살은 격감하는 데 반해 치즈의 소비량이 증가하였기 때문에 키모신의 공급이 부족하게 되었다. 그러므로 이 키모신을 대치할 것이 필요하게 되었다. 도쿄대학의 아리마(有馬啓) 교수가 1970년에 응유효소를 만드는 곰팡

II-6 치즈의 발효 풍경(1969년)

이를 발견하였다. 현재에는 절반 이상의 치즈에 이 곰팡이의 키모신이 쓰이고 있다. 이 키모신을 유전자조합기술을 이용하여 만드는 연구도 현재 이루어지고 있다.

따라서 치즈를 만들기 위해서는 레넷트 중의 키모신을 사용하든가 혹은 곰팡이에서 채취한 키모신을 쓰는 방법밖에 없다. 어느 경우든 치즈를 만들기 위해서는 이러한 효소가 사용되고 있는 것이다.

우유와 설사

우유는 건강에 좋으므로 모두 매일 먹기로 하였다. 그러나 요시오 씨는 어쩐지 우유를 먹으면 설사를 하는 습관이 있다. 이것은 우유 속의 젖당을 분해하는 β-갈락토시다아제(β-galactosidase)가 적은 데에 원인이 있다. 다시 말해 요시오 씨는 유당분해효소결손증이라는 병이 있는 것이다.

이런 사람들을 위해서는 미리 우유를 이 효소로 처리하여 젖당(lactose)을 글루코오스와 갈락토오스(galactose)라는 당으로 분해한 저젖당우유가 판매되고 있다. 이것을 먹는 한 설·사하는 일은 없다. 맛은 젖당이 글루코오스와 갈락토오스로 분해되어 있기 때문에 약간 달다.

요시오 씨가 효소결손증이라고 하였으나 이 이외에도 여러 가지의 효소가 결손되어 있기 때문에 생기는 병들이 많이 알려져 있다. 이러한 병은 선천성효소결손증이라 불리며 결손되는 효소에 따라 여러 가지 병이 생긴다.

그럼 이야기를 원점으로 돌리자. 이러한 저젖당우유는 몇 군데의 유업회사에서 발매되고 있다. 이 우유를 만드는 데는 앞에서도 말한 β-갈락토시다아제라는 효소가 사용된다. 대량의 우유를 이 효소로 처리한다면 β-갈락토시다아제가 다량으로 필요해지기 때문에 효소의 가격으로 인하여 우유 그 자체가 비싸지고 만다. 그래서 β-갈락토시다아제를 물에 용해되지 않은 형태로 만드는 기술이 개발되었다. 이것이 바로 고정화효소라는 것이다. 효소를 물에 불용성인 고분자에 결합시켜 물에 녹지 않도록 한 것이다.

예를 들면 이탈리아의 스남 프로겟티사는 셀룰로오스 트리아세테이트(cellulose triacetate)라는 셀룰로오스의 일종에 β-갈락토시다아제를 흡착시켜 섬유상으로 한 다음 이것의 여과과정을 통해 우유 속의 젖당을 분해하고 있다.

또한 화학회사에서 β-갈락토시다아제를 다공성의 페놀 포르말린(phenol formalin)계의 양성 이온교환수지에 흡착시킨 것이 판매되고 있다. 이것으로도 우유 속의 젖당을 분해할 수가 있다. 이처럼 고정화한 β-갈락토시다아제를 사용한 반응장치를 바이오리액터(bioreactor)라고 한다. 앞에서 말한 저젖당의 우유는 우유팩에 넣기 전에 이러한 바이오리액터를 통해 젖당을 분해하고 있다. 이러한 우유라면 아무리 마셔도 설사하는 일이 없으므로 요시오 씨는 매일 안심하고 먹을 수 있다.

홍차를 만드는 효소

이와오 씨는 반드시 아침식사 때 홍차를 마시는 습관이 있다. 그는 학생시절 때 영국의 옥스퍼드대학에서 유학하였는데 이때부터 홍차를 마시는 것이 습관으로 굳어졌다. 그런데 이 홍차의 원료가 되는 잎은 녹차와 같은 것으로 여기에 산화효소를 작용시켜 만든 것이 홍차이다. 녹차의 경우에는 잎이 녹색인데 이것은 잎 속에 있는 엽록소라는 화합물의 색이다. 엽록소는 잎이 태양 에너지를 받아들이는 데 필요한 화합물이며 식물이 생장하기 위해서는 불가결한 것이다.

홍차를 발효시킬 때 이 엽록소는 산화되어 녹색이 없어진다. 또한 차는 맛이 떫은데 이 떫은 맛의 근원이 되는 화합물

은 탄닌(tannin)이란 것으로 떫은 감 등에 대량으로 함유되어
있다. 이것은 페놀(phenol)이라는 화합물이 여러 개 연결된
폴리페놀(polyphenol)로 구성된 물질이다. 차잎을 발효시키는
과정에서 이 폴리페놀은 산화효소에 의해 산화되고 그로 인하
여 떫은 맛은 없어지고 홍차색으로 변한다. 따라서 홍차를 만
들 때에는 효소가 중요한 작용을 하는 셈이다. 해외에 나가 녹
차를 마실 수 없을 때에 홍차를 마시면 은근히 녹차와 비슷한
맛이 나는데, 원래는 같은 잎으로 만든 것이기 때문에 그렇게
느껴지는 것이다.

효소의 힘으로 다이어트

사도꼬 씨는 최근에 약간 몸무게가 늘어 크게 걱정하고 있
다. 따라서 가능한 한 당분 섭취를 삼가고 있다. 그녀 역시
매일 아침 홍차를 마시는 습관이 있다. 이와오 씨는 홍차에 설
탕을 넣지만, 사도꼬 씨는 저칼로리의 인공감미료를 쓰고 있
다. 이것은 아스파르템(aspartame)이란 것으로 설탕에 비해
200배 정도 더 단맛이 있다. 결과적으로는 극히 적은 양으로
단맛을 내게 할 수 있으므로 저칼로리의 감미료가 되는 셈이
다. 현재 '…라이트'니 '다이어트…'니 하는 청량음료수가 나돌
고 있는데, 이것은 아스파르템이란 저칼로리 인공감미료를 사
용하고 있는 것이다.

이 아스파르템은 화학적 방법으로도 만들 수 있으나 효소를
사용하여 만들 수도 있다. 효소를 사용하는 방법은 두 가지가
알려져 있다. 하나는 엔도펩티다아제(endopeptidase)라는 효

Ⅱ-7 아스파르템을 사용한 저칼로리 청량음료수

소를 사용하는 방법이고 또 한 가지는 엑소펩티다아제(exope-
ptidase)란 효소를 사용하는 방법이다. 아스파르템을 화학합성
법으로 만든 것이 아지노 모토에서, 또한 엔도펩티다아제를
사용해서 만든 것이 도오소에서 판매되고 있다.

한때는 감미료로서 사카린이 사용되었으나 이것이 변이원성
이나 발암성이 있다는 문제가 지적되면서부터 별로 쓰이지 않
는다. 이것을 대신하여 아스파르템이 세계적으로 사용되게 된
것이다. 세계에서 연간 사용되는 아스파르템의 양은 약 7000
톤이나 된다고 한다. 역시 칼로리 초과(calorie over) 대국, 미
국에서 압도적으로 많이 사용되고 있으며 일본에서는 아직 별
로 쓰이고 있지 않다.

별로 쓰이고 있지 않다 해도 이 아스파르템을 과립상으로

효과적인 다이어트 방법을 찾다.

한 것이 슈퍼마켓에서 팔리고 있으며, 사도꼬 씨는 이것을 홍차에 넣어 마시고 있는 것이다. 요시오 씨는 사도꼬 씨가 이처럼 인공감미료를 사용하는 것을 별로 좋게 생각하지 않는다. 왜냐하면 케이크라든가 단 사탕을 좀더 적게 먹으면 굳이 아스파르템을 사용할 필요가 없다고 생각하기 때문이다. 아스파

르템을 홍차에 넣을 정도로는 크게 다이어트는 되지 않는다고
생각되지만, 이 말을 좀처럼 입 밖으로 낼 용기는 없다. 이러
한 인공감미료는 이밖에도 여러 가지가 현재 생산되고 있는데
이것에 대해서는 나중에 이야기하기로 하자.

효소가 없으면 주스도 만들 수 없다

잠이 덜 깬 눈을 비비면서 일어난 구니오는 우선 주스를 마
셨다. 식탁 위에는 복숭아 주스, 사과 주스, 오렌지 주스가 놓
여 있다. 이러한 주스에도 효소가 각각 이용되고 있는 것이다.
복숭아는 독특한 풍미(風味)를 가지고 있는데, 흰 과육의 일부
에 안토시아닌(anthocyanin)계의 색소에 의해 붉은 색이 들
어 있는 부분이 있다. 이 색소는 깡통의 주석(Sn)과 반응하면
불쾌한 보라색이 되어 버리므로 복숭아의 과육이나 과즙을 그
대로 통조림으로 만들 수는 없다.

그러나 β-글루코시다아제라는 효소가 이 안토시아닌의 글
루코시드(glucoside) 결합을 분해한다. 이것은 특히 안토시아
나아제(anthocyanase)라 불리며 곰팡이가 이 효소를 만든다
는 것이 알려졌다. 이 효소를 작용시키면 복숭아 주스에 색이
들지 않게 된다. 사과 주스도 식탁 위에 있는데, 이 사과 주스
를 만드는 데에도 효소의 초능력이 이용되고 있는 것이다. 이
때에 사용되는 효소는 펙티나아제(pectinase)라 불리는 효소
이며 사과즙에 이것을 가하면 사과즙이 투명해진다. 이 효소
의 작용으로 물에 녹지 않는 불용성의 펙틴(pectin)이 분해되
어 저분자 물질로 된다. 이로 인하여 과즙은 투명해지고, 보기

도 좋아지고, 마셨을 때의 맛도 대단히 좋아진다.

일본에서 생산량이 많은 감귤은 쓴맛이 너무 나서 그대로는 과일 통조림이나 주스를 만들 수가 없다. 그 쓴맛을 나타내는 물질은 주로 나린긴(naringin)이라고 하는 물질이다. 검은곰 팡이에서 추출한 나린기나아제(naringinase)라는 효소에 β-글루코시다아제라는 효소를 반응시키면 쓴맛의 물질은 분해되어 과즙의 쓴맛은 제거된다. 따라서 쓴 귤의 과즙이라도 매우 마시기 좋게 된다.

그리고 양상추를 위주로 한 샐러드가 식탁 위에 놓여 있다. 양상추 샐러드 속에는 통조림의 은주(溫州)밀감이 첨가되어 있다. 은주밀감 통조림을 만들기 위해서도 효소가 쓰이고 있다. 은주밀감의 통조림을 만든 다음, 수송할 때 진동이 있기만 하면 시럽은 흰색으로 탁해진다. 장기간 배에 실어 수출할 때에는 시럽이 우유와 같이 되는 점이 애로사항이다. 이렇게 백색으로 탁해지는 것은 밀감과즙 속에 존재하는 헤스페리딘 (hesperidin)이라는 물질이 시럽에 용출되어 진동 등의 자극에 의해 결정화되기 때문이다. 따라서 헤스페리딘이 결정화되는 것을 막기 위해 카르복실메틸셀룰로오스(carboxylmethyl-cellulose)란 풀 같은 물질을 첨가하는 방법을 취해 왔다.

이러한 인공적인 것을 첨가하면 해외에서는 강한 비판을 받게 된다. 그러므로 이 헤스페리딘을 효소로 분해하는 방법을 생각하게 되었다. 헤스페리디나아제(hesperidinase)라는 효소를 헤스페리딘(hesperidin)에 작용시키면 이것이 분해된다.

나아가서 이것에 β-글루코시다아제를 작용시키면 거의 시

Ⅱ-8 빵효모(*Saccharomyces cerevisiae*)

럽이 백색으로 탁해지지 않는다는 것을 알았다. 현재는 밀감 통조림을 만들 때 이러한 효소처리가 이루어지고 있다. 이러한 것들을 구니오는 아직 이해할 수 없으나 맛있는 주스를 만들기 위해 여러 가지 효소가 쓰이고 있는 것이다. 구니오는 사과주스를 마셨다.

맛있는 빵도 효소로부터

요시오 씨는 토스터로 구운 빵을 먹고 있다. 이 빵을 만들기 위해서도 효소가 사용되었다.

빵은 밀가루로 만드는 것이지만 이 밀가루 속에는 원래 아밀라아제나 프로테아제 등이 함유되어 있다. 그러나 함유되어 있는 양만으로는 맛있는 빵이나 과자를 만들 수 없으므로 효소를 적당히 보충하고 있다.

이러한 목적에 흔히 이용되는 것이 아밀라아제이다. 이 효소는 밀의 녹말을 분해하므로 밀녹말이 대량으로 함유된 빵의 소재를 개량하기에 안성맞춤이다. 또한 α-아밀라아제를 작용시키면 말토오스가 생겨 이것이 빵효모의 발효를 촉진시켜 빵 소재를 개량시킨다고 한다.

먹기에 매우 부드러운 빵을 만들기 위해서 효소의 초능력은 필요불가결한 것이다.

이상과 같이 아침식탁 위를 살펴보기만 해도 여러 가지 음식물을 만들기 위해 효소가 사용되고 있음을 알 수 있다. 식사는 우리들이 살아가는 데 있어 필요하며 특히 아침식사는 일을 시작하기 전의 중요한 영양 보급을 해 준다. 효소의 초능력을 효과적으로 사용함으로써 식품의 기능을 높일 수 있다.

효소의 파워로 아미노산을 보급한다

식사 이야기로 또 한 가지 중요한 것이 있다. 우리들이 고기나 생선에서 섭취하는 주요 성분은 단백질이다. 단백질은 아미노산이 결합하여 이루어진 것이다.

이른바 '아미노산 덩어리'라 해도 좋다. 식탁 위에 있는 계란이나 베이컨의 주성분인 단백질은 우리 몸에서 에너지를 만들기 위해 매우 중요한 것이다. 단백질의 구성성분인 20종류의 아미노산 중 우리 몸 속에서 합성되는 아미노산은 12종이고 나머지 8종류는 체외에서 공급해야만 한다.

이것이 이른바 필수아미노산이라 하는 것인데 식사로 이것을 보급할 필요가 있다. 필수아미노산은 반드시 먹는 단백질 속에 풍부하게 있는 것만은 아니다. 따라서 필수아미노산을 많이 함유하는 식품을 먹어야 한다. 필수아미노산은 트립토판(tryptophan), 메티오닌(methionine), 리신(lysine), 페닐알라닌(phenylalanine), 류신(leucine), 이소류신(isoleucine), 발린(valine), 트레오닌(threonine)의 여덟 가지 아미노산인데, 이러한 아미노산을 만들려면 화학적인 방법과 발효법이 사용된다.

현재 대부분의 아미노산은 발효법으로 만들어지고 있으나 L-메티오닌과 L-리신, L-페닐알라닌 즉 8종류의 필수아미노산 중 3종류는 효소의 초능력을 이용하여 만들고 있다. 또한 필수아미노산은 아니지만 이것 역시 생물에게 있어 중요한 아미노산인 L-시스테인(L-cysteine)을 만드는 데에도 효소가 사용된다.

따라서 이러한 아미노산을 만드는 데에도 효소가 사용되며 이렇게 만들어진 아미노산이 식품의 기능을 높이기 위해서 쓰이고 있는 것이다.

이러한 여러 아미노산을 만들기 위해서 앞에서 설명한 바이오리액터가 사용되고 있다. 이 바이오리액터는 효과적으로 아미노산을 생산하는 데 중요한 관건이 되고 있다. 이러한 아미노산은 식품첨가물로서 이용된다.

효소가 있으면 충치에 걸리지 않는다

요시오 씨와 구니오 부자는 늦잠 때문에 아침시간에는 몹시

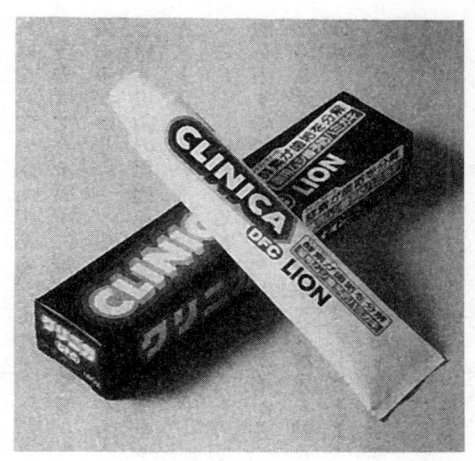

Ⅱ-9 효소가 함유된 치약

서두른다. 그러므로 아침식사를 즐길 수 있는 여유가 없다. 식사가 끝나자마자 각자 직장과 학교로 가야 하기 때문이다.

요시오 씨는 일어나자마자 바로 세면장에 들어가 머리를 빗고, 면도하고, 이를 닦았다. 식사 후에 이를 닦지 않으면 충치에 걸린다는 것은 누구나도 알고 있다. '스트렙토콕쿠스 뮤탄스(*Streptococcus mutans*)'라는 충치의 원인이 되는 균이 설탕을 먹고서 글루코오스가 여러 개 연결된 점착성의 덱스트란(dextran)이란 화합물을 만든다.

이것이 이른바 치석이라 하는 것이다. 여기에 이 균이 들어붙어 젖산 같은 산을 분비하므로 치아의 에나멜(enamel)질이 녹아 충치가 되는 것이다. 따라서 이 미생물이 만드는 덱스트란을 분해하는 효소를 사용하면 충치는 막을 수 있다. 이것을

엔진에 좋고 공해가 없는 가솔린

분해하는 효소를 덱스트라나아제(dextranase)라 하며 치석을 방지하는 작용을 한다. 이 효소 덱스트라나아제를 배합한 치약은 '충치 예방용' 치약으로 판매되고 있다. 시호자와 일가는 모두 이 효소의 힘을 사용하여 매일 아침 이를 닦는다.

자동차 공해도 효소로 경감

가족들이 연달아 화장실에 가거나, 세면장에서 이를 닦거나, 머리를 빗으면서 바쁜 아침시간을 보낸다. 구니오는 8시쯤 근처의 국민학교로 등교하였다. 오늘 이와오 씨는 집에서 책을 읽거나 산책을 하면서 하루를 보낼 예정이다.

요시오 씨는 매일 발효공업의 연구소로 출근한다. 이 연구소는 도심에서 다소 떨어진 교외에 있는데 집에서 15km 정도의 거리다. 연구의 형편에 따라 귀가가 불규칙하므로 출퇴

근때는 자동차를 이용하고 있다. 평상시와 같이 자동차에 시동을 걸고 집을 떠났다. 문득 연료계를 보니 연료가 얼마 남지 않았다. 그래서 늘 가는 주유소에 들르기로 하였다. 이 주유소에서는 휘발유, 경유 이외에 가소올을 판매하고 있다. 요시오는 주유소 직원에게 가소올을 자동차에 급유할 것을 부탁하였다.

가소올(gasohol)이란 미국에서 만들어진 말인데, 가솔린과 알코올의 합성어로 에탄올(ethanol)을 10% 정도 함유하는 가솔린(gasoline)을 말한다. 이것은 가솔린의 소비량을 절약할 목적으로 생각해 낸 것이다. 일본에서는 별로 팔리지 않으나 요시오 씨가 단골인 주유소에서는 가끔 시험적으로 팔고 있다.

에탄올은 원래 설탕을 만들 때 남는 찌꺼기인 당밀이나 녹말 등을 발효시켜 만든 것인데, 에탄올 자체가 옥탄가를 높이는 역할을 한다. 그렇지만 옥탄가가 높다고 하여 난폭운전하면 연료소비가 높아지는 것은 말할 나위도 없다. 미국에서의 이야기지만 이 에탄올의 발효원료를 처리하기 위해 효소가 사용되고 있다. 이때 사용되는 효소는 α-아밀라아제이며 녹말을 분해하여 에탄올을 만들기 쉽게 한다.

아밀라아제를 녹말에 작용시키면 녹말은 가수분해되어 글루코오스로 변환된다. 이 글루코오스에 효모를 작용시키면 쉽게 알코올이 제조된다. 미국에서는 '에탄올 함유 무연 슈퍼가솔린'이라 하여 가소올이 다량으로 이용되고 있다.

한편, 브라질에서도 가소올과 에탄올만으로 달리는 자동차가 꽤 보급되어 있다. 브라질의 자동차보유 대수는 약1000만 대라고 하는데 가소올을 이용하는 차는 700만 대, 가소올 전용 자동차가 300만 대나 된다고 한다. 브라질의 경우는 국가 정책으로 알코올을 대량생산하여 이것을 연료로서 사용하고 있다.

그러나 일본에서는 연료로서의 사용보다도 옥탄가를 높이기 위해서 또는 유기염을 사용하지 않도록 하기 위해 알코올을 가솔린에 첨가하고 있다고 보는 것이 옳다. 말하자면 가소올이란 것은 최신유행의 가솔린인 것이다.

요시오 씨는 가솔린을 급유하는 동안에 오일을 체크해 달라고 기술자에게 부탁하였다. 그 결과 오일도 감소되어 있다는 것을 알았다. 그러므로 바이오 오일(bio oil)의 급유를 부탁하였다. 이때 넣은 오일은 지구환경에 무해한 오일, 즉 생분해성 오일이다. 이 오일은 에스테르계의 합성유로서 85%에서 90%가 미생물에 의해 분해된다고 한다.

물론 미생물에 의해 분해되므로 이 분해는 에스테라아제 (esterase)나 리파아제(lipase) 같은 효소의 초능력을 이용하고 있다. 현재, 자동차용은 아니지만 이러한 생분해성 오일은 이미 시판되고 있다. 자동차용 오일로서 생분해성 오일이 사용될 날도 그리 멀지 않을 것이다. 이러한 오일은 흙 속의 미생물에 의해 분해되어 흙으로 환원될 수 있으므로 오일에 의한 환경파괴를 없앨 수 있다.

효소의 파워로 새하얗게 되는가?

요시오 씨와 구니오가 집을 나가자 사도꼬 씨는 집청소와 세탁을 동시에 시작했다. 세탁기에 세탁물을 넣고 세탁이 되는 동안에 방청소를 하는 것이 사도꼬 씨의 일과이다. 오늘도 평상시처럼 세탁물을 면류, 화학섬유류로 분류한 다음에 각각을 세탁하였다. 지금으로부터 5년 전쯤까지는 세탁이라 하면 커다란 세제상자에서 한컵 가득 세제를 담아, 이것을 세탁기 속에 넣고 세탁하였다. 그러나 몇 년 동안에 세탁에 쓰이는 세제량은 현저하게 적어졌다.

세제의 혁명이 일어난 것이다. 그것은 초능력 효소가 세제의 주성분으로 쓰이기 시작하면서부터였다. 유럽에서는 단백질을 분해하는 프로테아제가 세제에 사용되면서부터 효소가 함유된 세제가 급속하게 보급되었다.

1992년에 그 보급율은 유럽에서 60%, 독일에서 90%, 미국에서 35% 그리고 일본에서도 55%를 차지하게 되었다. 세제에 쓰이는 주요 효소는 알칼리 프로테아제(alkaline protease)인데, 세제의 알칼리에 강한 프로테아제(protease)가 세균에서 생산된 것이다. 이것은 단백질을 분해하므로 의류에 붙은 여러 가지 단백질의 때를 제거하는 데 효력을 발휘한다.

또한 리파아제는 의류에 묻은 지질의 분해에도 사용된다. 셀룰라아제는 셀룰로오즈를 분해하는 것으로 면류 섬유에 심하게 들어붙은 때를 제거하는 효과가 있다. α-아밀라아제는 의류에 묻은 녹말을 분해하는 데 쓰인다. 이들 리파아제, 프로테아제, 셀룰라아제, α-아밀라아제가 주요 세제용 효소이다.

Ⅱ-10 지질을 분해하는 리파아제. 효소가 여러 개 모여 형성된 단결
정이다.[제공 : 아마노(天野)제약]

이러한 효소를 사용함으로써 초콤팩트(super compact) 세제
라는 것이 실현되었다.

의류의 때라 해도 그 때의 원인은 먼지, 과즙, 소스, 당류,
땀, 기름, 혈액 등 여러 가지가 있다. 그러나 크게 나누면 지방
산·글리세라이드(glyceride)와 같은 기름성분의 때, 진흙·그을
음 같은 무기질의 때, 피부·노폐물 등과 같은 단백질의 때가
3대 성분을 이룬다. 이런 것들이 섬유에 엉기어 부착해 있는
것이 소위 말하는 '때'이다. 이것을 다시 구분하면 유지성의 때

가 약 75%, 무기질성의 때가
15%, 단백질성의 때가 10% 정
도 된다.

우선, 이러한 때에 효소를 작
용시켜 때가 섬유에서 유리되기
쉽도록 분해한다. 그런 다음 세
제로 씻어내는 메커니즘으로 세
탁하게 된다. 현재 효소가 들어
있는 세제로서 팔리고 있는 것은
몇 가지 있으나 최초의 제품에는
알칼리 셀룰라아제(alkaline cel-
lulase)라는 효소가 쓰였다. 이것

Ⅱ-11 세제 코너는 효소 파워
로 넘쳐나고 있다.

이 크게 호평을 받아 완전히 세제계의 상권을 바꾸어 놓았다.
이 제조회사는 나아가서 셀룰라아제와 케라티나아제(kerat-
inase)를 배합한 제품도 판매하고 있다.

경쟁 회사에서는 알칼리 프로테아제(alkaline protease)와
유전자재조합 리파아제를 사용한 세제를 시판하고 있다. 이
회사는 유전자재조합 리파아제만을 사용한 세제도 개발하여
판매하고 있다. 외국 자본의 회사에서도 효소세제가 발매되고
있으며 실제로 이 효소세제의 시장은 현재 2000억 엔에 달한
다고 한다. 거기에서 사용되는 효소의 가격만 해도 60억~70
억 엔이나 된다고 한다. 따라서 방대한 시장이 이 효소세제로
서 커나가고 있는 셈이다.

사도꼬 씨는 효소세제를 사용하여 세탁하기 시작하였다. 특

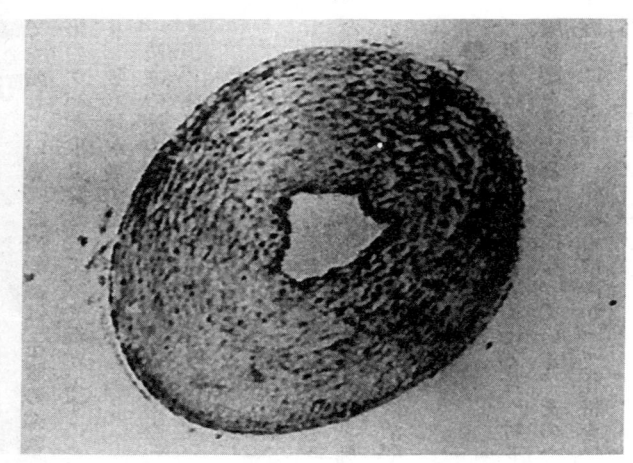

II-12 현미경으로 본 무명 단섬유의 단면사진. 셀룰라아제는 무명에
스며든 때를 섬유분자의 틈새로 들어가 제거한다.[제공 : 가오
(花王)]

히 면류의 세탁에는 이러한 효소세제가 큰 효과를 발휘한다.

또한 세탁이 끝난 다음에 사용하는 것으로 의류의 유연제가
있다. 이것은 세탁한 의류를 부드럽게 하여 입기 쉽도록 하기
위해 쓰이는 것이다. 이 유연제에도 효소의 초능력이 쓰이고
있다. 노보·노르딕바이오인더스트리사에서는 산성형의 셀룰라
아제를 미생물 발효기술에 의해 생산하고 있다. 이 효소는 시
판되는 유연제에 들어 있다. 이것을 사용함으로써 섬유의 잔
털이 제거되어 광택이 증가하는 것이다. 그 밖에 마(麻)의 깔
깔한 감촉이 없어지고 흡수성이 증가하는 효과도 있다.

세탁 도중에 넣는 표백제 중에도 초능력 효소는 위력을 발
휘하고 있다. 이것은 프로테아제란 효소를 함유하는 표백제로

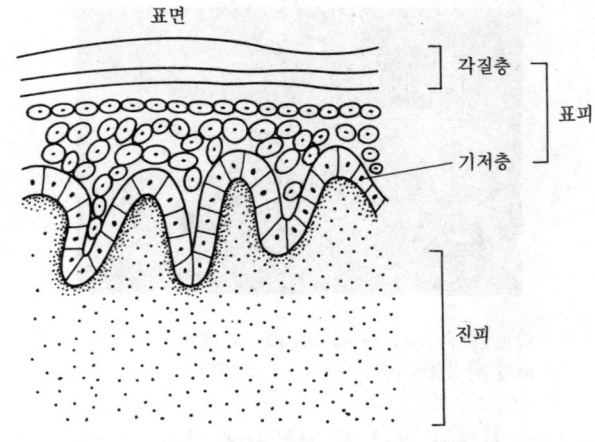

표면

각질층

표피

기저층

진피

Ⅱ-13 피부의 개략적인 구조

지금까지의 '희게 한다'만의 표백이 아니고 색상, 무늬가 있는 옷도 표백할 수 있다는 것이다.

　이처럼 현재, 유연제나 표백제까지 효소의 초능력을 이용하는 것이 발달되어 있다. 효소를 이용하면 환경오염의 원인 중의 하나인 세제의 양을 줄일 수 있다. 효소 그 자체는 환경 속에서 생분해되므로 환경에 무해한 세제라고 말할 수 있을 것이다. 이와 같이 여러 가지 면에서 고려하면 효소세제를 사용하는 세탁이 바람직하다.

효소화장품은 피부에 좋다

　사도꼬 씨는 세탁과 청소를 재빠르게 해치우고 바로 외출준비를 하였다. 오늘은 병원에서 건강진단을 받기로 되어 있다.

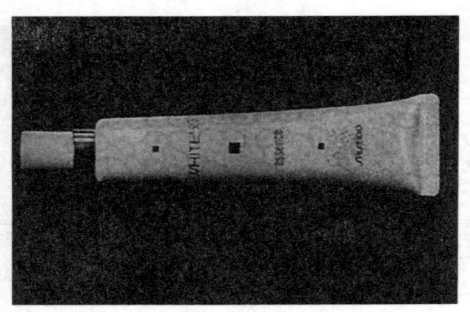

II - 14 티로시나아제(tyrosinase)를 억제하는 알부틴(arbutin)
배합 화장품[제공 : 시세이도(資生堂)]

사도꼬 씨는 침실에 가서 화장대 앞에 앉아 화장을 하였다. 화
장품에도 여러 가지 효소가 쓰이고 있다. 이를테면 햇빛에 그
을린 얼룩점이나 주근깨는 점점 나이먹는 동안에 늘어난다.

사도꼬 씨는 자신의 얼굴의 얼룩점이나 주근깨에 몹시 신경
을 쓰고 있다. 멜라닌(melanin) 색소는 과잉광선에 쪼였을 때
그 광선을 흡수하는 역할을 한다. 햇빛(자외선)을 쪼이면 피부
가 그을리는 것은 햇빛에 의해 멜라닌 세포가 활성화되어 티
로시나아제(tyrosinase)라는 효소가 작용하여 아미노산의 일
종인 티로신(tyrosine)으로부터 멜라닌 색소가 다량으로 생산
되기 때문이다.

따라서 얼룩점이나 주근깨가 생기는 것을 막으려면 이 반응
을 저해하는 화장품을 쓰면 좋을 것이다. 그 목적으로 고오지
산(kojic acid)을 배합한 화장품이 판매되고 있는 셈이다. 고
오지산은 누룩 제조시의 부산물로서 발견된 항균성의 화합물
로서 세포내의 효소 티로시나아제에 직접 작용하여 그 작용을

억제하는 물질이며 멜라닌 색소의 발생을 막는 효과가 있다. 또한 다른 회사에서도 이 반응을 저해하는 알브틴(arbutin)이 란 화합물을 배합한 화장품을 판매하고 있다.

한편, 화장품의 소재로서 여러 분야에서 콜라겐을 사용하고 있다. 이것은 우리 몸 속에 가장 다량으로 존재하는 섬유성의 단백질이며 여러 가지 화장품의 소재로서 쓰이고 있다. 콜라 겐을 펩신으로 처리하여 물에 녹도록 하는 경우가 많다. 콜라 겐을 사용하면 매우 보수성(保水性)이 좋은 화장품을 만들 수 있다. 어떤 회사는 이 콜라겐을 화장품용으로 제품화하고 있 다. 또한 단백질분해효소인 프로테아제나 지방분해효소인 리 파아제를 화장품에 배합하면 피부 노폐물의 주성분인 단백질, 지질 등에 대해서 뛰어난 세척력에 있는 세안료(洗顔料)를 만 들 수 있다.

어떤 회사는 프로테아제와 리파아제를 실크 피브로인(silk fibroin)이란 견(絹)단백질에 활성을 유지한 채로 고정화하는 기술을 개발하였다. 이 기술을 사용하면 효소의 안정성이 향 상되어 세안제로 배합하는 것이 가능하게 된다. 이 기술을 사 용한 상품도 판매되고 있다.

이처럼 여러 가지 효소가 화장품에 사용되고 있다. 물론 이 러한 바이오화장품은 피부에 자극이 없는 부드러운 화장품이다.

예를 들어 직접 효소로 만드는 것은 아니지만 지치의 뿌리 (紫根)에서 이른바 시코닌(shikonin)이란 색소가 분리된다.

이 자주색의 색소는 입술연지에 혼합되어 발매 당시에는 한 때 대단한 붐을 일으켰다. 이러한 색소는 시코닌뿐 아니라

β-카로틴(β-carotene), 잇꽃, 엽록소 등 여러 가지가 있으나 이러한 것들은 어찌되었든 간에 효소의 작용으로 생체내에서 생성될 수 있는 것이다. 천연색소로서 분리, 정제된 것이 화장품에 쓰이고 있는 셈이며 이러한 색소는 피부에 자극을 주지 않는 색소라고 할.수 있다. 역시 피부에 좋은 화장품은 여성들에게 인기있다는 것을 알 수 있을 것 같다.

분위기를 만드는 효소

이러한 바이오 화장품으로 화장을 끝낸 사도꼬 씨는 침실에서 지금부터 입고 나갈 것에 대해 생각하였다. 아직 40대 중반의 그녀는 마음이 젊다. 오늘은 청바지를 입고 간편한 모습으로 병원에 가기로 했다.

젊은 사람 중에는 평소 청바지만 입는 사람도 많다. 자세히 보면 새로운 청바지여야 할텐데 꽤 입어 낡은 듯한 느낌이 드는 청바지가 상점에 진열되어 있다.

옛날 제조기술로는 청바지는 두터운 무명생지(木綿生地)이므로 제조 후 뻣뻣하여 입기에 불편을 느끼는 사람이 많았다. 또한 너무 새것 같으면 젊은이들에게는 '멋없다'라고 여겨졌다. 그러므로 제조회사들은 청바지의 생지와 자갈을 섞어 함께 회전시키면서 돌로 표면을 문질러, 헌것 같은 감이 나게 하는 방법을 생각해 냈다. 이른바 '돌세탁'이다.

그러나 이 방법으로는 균일하게 헌것 같은 감이 나게 하기는 매우 어렵다. 그런데 이 무명섬유를 셀룰라아제로 처리하면 시간에 따라 조절할 수 있으며 대단히 효율적으로 헌것 같

얼룩을 지게 하는 효소의 힘, 하얗게 하는 효소의 힘

은 감을 내게 할 수 있다는 사실을 알았다. 셀룰라아제란 무명의 주성분의 셀룰로오스를 분해하는 효소이며 청바지 생지를 일부 분해하여 그것을 부드럽게 만든다.

　종래의 돌세탁 가공을 했을 경우에는 2시간이나 걸리던 청바지 생지 처리도 셀룰라아제를 사용함으로써 30분으로 단축할 수 있게 되었다. 이 기술을 사용하여 어느 청바지 제조회사는 셀룰라아제 세탁이 된 청바지를 '바이오블루'라는 이름으로 판매하였다. 이것이 젊은이들에게 크게 인기를 얻어 급속하게 매상을 올리고 있다. 현재 '바이오블루'는 청바지의 기본형의 하나로서 정착되어 유럽에서도 이러한 효소세탁이 점차 보급되고 있다.

그 밖에도 섬유공업에서 효소가 사용되고 있다. 면섬유 공정에서는 실을 풀먹이는 데 녹말을 사용하나 풀을 빼는 데는 α-아밀라아제가 이용된다. 이 효소는 풀의 주성분인 녹말을 분해하기 때문이다. 특히 열에 강하고 강력하게 녹말을 용해하는 작용을 지닌 α-아밀라아제가 이용되고 있다.

또한 견제품은 촉감이 좋으며 내의, 손수건이나 넥타이 등 대단히 많은 유행품 소재로서 쓰이고 있다. 견을 만들 때에도 알칼리 프로테아제가 이용된다. 견섬유는 피브로인(fibroin)이란 것으로 그 피브로인의 주변을 다른 단백질인 세리신(sericin)이 둘러싸고 있어, 그 세리신을 알칼리 프로테아제의 작용을 이용하여 분해하면 견 특유의 광택이나 감촉이 생겨난다. 특히 이 효소를 사용하면 온화한 조건에서 세리신이란 단백질만을 분해, 제거할 수 있다. 사도꼬 씨는 피에르 가르댕이 디자인한 견 스카프를 집어 목둘레에 감았다.

또한 양모 표면의 단백질을 파파인(papain)이란 효소로 부분적으로 분해하면 털이 오그라드는 것을 막을 수 있다. 이것은 단백질을 분해하는 효소로 매우 특이한 효소이다. 원래 파파야(papaya) 열매에서 분리하였으므로 파파인이란 이름이 붙었다. 이처럼 우리들이 입고 있는 양복 등의 원료가 되는 섬유를 만들 때에도 여러 가지 효소가 쓰이고 있다.

한편, 견직과 마찬가지로 자연소재로서 인기있는 것이 피혁품이다. 여러 가지 피혁품이 스커트나 재킷 등의 유행에 많이 사용되기 시작했다. 이 가죽의 무두질 공정에서도 여러 가지 효소가 쓰인다. 우선 털이나 각종 조직의 단백질을 효소작용으로 제거한다. 특히 단백질을 분해하는 프로테아제가 그 처리에 사용된다.

이 처리로 여러 가지 단백질이 제거된다. 그 결과 무두질에 사용되는 탄닌제가 흡착하기 쉽게 된다. 탄닌(tannin)이란 떫은 감의 성분으로서 잘 알려져 있으나 가죽과 이것을 반응시키면 가죽이 부드럽고 질겨진다. 이것을 '가죽을 무두질한다'고 한다.

무두질제로서는 그 밖에 크롬염이나 알루미늄염이 사용된다. 즉 프로테아제는 가죽 주성분의 콜라겐 섬유 사이의 불필요한 단백질을 용해, 제거하는 것이다. 또한 탈모 등에 알칼리 프로테아제를 이용하는 연구도 하고 있다. 부드러운 가죽을 만드는 데에도 역시 효소가 이용되고 있는 것이다.

III
효소로 건강진단

건강측정의 척도인 혈액

사도꼬 씨는 청바지와 연한 갈색의 가죽 코트를 입고 병원으로 가기 위해 집을 떠났다. 근처 역까지 버스를 타고 거기서부터 전차로 병원의 건강의학센터로 갔다. 사도꼬 씨는 최근에 남편 요시오 씨의 권고도 있고 해서 2년에 한 번 정기적으로 종합건강진단을 받기로 하였다. 중년이 되면 몸의 여러 부분에서 고장이 나기 쉬우며 더욱이 병을 예방하기 위한 뜻에서도 건강진단은 매우 중요하다.

병원에 도착하여 간호원에게 집에서 미리 기입해 두었던 설문 용지를 건네 주었다. 그리고 간호원은 진단하기에 앞서 알아두어야 할 자료를 주면서 기다리고 있는 동안 그 자료를 읽으라는 지시를 받았다. 거기에는 지금부터 어떤 검사를 받는지에 대해 적혀 있었다. 주요 검사는 신체 각 부위의 검진과 혈액검사, 요검사이다. 건강진단, 병진단, 치료방침을 결정할 때에는 반드시 혈액검사가 실시된다.

혈액은 심장의 움직임에 의해 체내를 순환하고 있는데 그 양은 보통 그 사람 체중의 13분의 1이라고 한다. 가령 체중이 60kg인 사람의 경우 혈액량은 전부 약 5ℓ 된다. 이 혈액이 몸 속을 순환하고 있는 셈인데, 안정시에도 심장에서 나오는 혈액량은 1분에 약 5ℓ라고 하므로 혈액은 약 1분 동안에 몸 속을 돌고 있는 셈이다. 혈액은 폐에서 받아들인 산소 혹은 장에서 흡수된 영양분을 온몸의 각 조직에 운반하여 거기에서 생산되는 탄산가스나 노폐물을 폐, 신장, 간장 등에 보내는 역할을 하고 있다.

또한 혈액에는 백혈구가 함유되어 있어 외부에서 침입한 병원균 등에 작용하여 그것을 죽이는 역할도 한다. 또한 몸을 지키기 위해 만들어진 항체라고 불리는 단백질도 운반하여 체외에서 체내로 침입해 오는 병원균, 바이러스 등의 이물질을 차단하는 작용도 하고 있다. 혈액 속에는 여러 가지 화학물질이나 효소가 포함되어 있다. 이 화학물질의 양이나 효소의 특성을 조사하면 건강진단이나 질병검사를 할 수가 있다.

실제로 건강센타에는 혈액 성분을 조사하는 각종 기기가 있으며 이런 것을 사용함으로써 건강상태를 진단할 수 있다.

검사의 절차

사도꼬 씨는 당일 건강진단의 수검자의 한 사람으로 앞으로 받게 되는 검사 내용에 관한 비디오를 다른 수검자와 함께 보았다. 이 비디오는 검사의 순서, 진단결과의 통지, 재검사의 방법 등을 알기 쉽게 설명하고 있다.

그 후 진찰용 의복으로 갈아입고 기다리고 있으니 사도꼬 씨의 이름이 불렸다. 우선 신장과 체중을 재고 혈압을 쟀는데, 처음에는 긴장한 탓인지 혈압이 높게 나왔다. 간호원은 사도꼬 씨에게 "마음을 편하게 갖고 다시한번 재어 봅시다"라고 부드럽게 말해 주었다. 두번째 측정에서 혈압은 정상의 값을 나타내어 사도꼬 씨는 안심할 수 있었다.

종이컵이 주어졌다. 화장실에 가서 필요한 양의 오줌을 채취하기 위한 것이다. 그것을 간호원에게 돌려주고 다음에 혈액 20㎖를 채혈하였다. 이것으로 어떤 검사가 이뤄지는지에

검진내용

검사항목		조사 내용	체크된 병의 용태	코스 A	B	C	D
설문진단		병력, 주소, 가족사항, 일상생활 등의 조사					
요 검 사		단백질, 당, 유로빌리노겐, pH, 잠혈	당뇨병, 신장장애, 간장장애, 요로, 방광의 질환				
혈 액 검 사	혈액학적 검사	적혈구, 백혈구, 헤모글로빈, 헤마토글리토 등 7항목	각종 빈혈, 백혈병				
	생화학적 검사 / 혈청학적 검사	GOT,GPT,CH,TG,LDH,γ-GTP	동맥경화, 간장장애				
		혈당	당뇨병				
		RA, CRP	류머티즘, 염증				
		TP, AMY	췌장장애, 영양상태				
		ALP, ZTT, LAP, UA	통풍, 간장장애				
		Na K, CL, BUN, CRE	신장장애				
		AFP, 매독, HBs, Ac-P	악성종양, 매독혈청반응, 전립선기능, 간염바이러스				
		S-GTT, H-GTT	당뇨병, 췌장기능				
흉부 X선검사		폐결핵, 폐암, 폐섬유증, 폐기종, 폐렴, 폐종양, 흉막질환, 종격질환을 체크. 심장이나 대동맥의 상태를 관찰					
혈 압·심 전 도		고혈압, 저혈압, 심근경색, 협심증, 심비대 등 심장질환을 체크·심장박동수, 부정맥 등을 조사					
식 도·위 부 X 선 검 사		식도, 위, 십이지장을 촬영. 종양, 궤양, 폴립, 십이지장궤양, 암, 위게실, 위염, 간염, 아카라시아, 식도열구, 헤르니아, 식도염, 식도정맥류, 육종 등을 검사					
초 음 파 검 사		담낭, 간장, 신장, 췌장 등의 체크					
변 검 사		변잠혈반응에 의해 소화기계의 궤양, 암 등을 체크					
안 저 검 사		안저 카메라 촬영, 동맥경화증, 고혈압증, 당뇨성질환, 신장성질환 등의 정도를 측면에서 체크					
신체계측·청력		신체계측, 비만도, 난청 등의 체크					
폐 기 능 검 사		폐결핵, 진폐, 기관지 천식, 폐기종 등의 체크					
대장 X선검사		주장법(총영법, 점막법, 이중조영법)에 의한 촬영. 장염, 궤양성대장염, 장결핵, 과민성대장증후군, 게실, 폴립, 암 등을 조사					
산부인과검진	내 진	자궁근종, 난소낭종 등을 검사					
	자궁세포검진	자궁암 검사					
	현 미 경 검 사	칸디다증, 트리코모나스 등 검사					
	초 음 파 검 사	유방암, 난소낭종, 자궁근종의 검사					

코스	A	정기검진 코스……기업용으로 설정한 정기건강진단 코스
	B	소화기 코스 ……식도암, 위암 등의 검진에 중점을 둔 코스
	C	성인병 코스 ……식도와 위의 검사를 시작으로 류머티즘, 당뇨병, 고혈압, 신장질환 등의 성인병 검사 코스
	D	종 합 코스 ……인간 독(dock) 같은 정밀 진단 코스
		위의 코스에 산부인과 검진을 추가하면 비용이 가산됨

Ⅲ-1 건강진단의 자료

대해서는 나중에 이야기하기로 하자. 이처럼 채혈이 이뤄진 다음에는 시력검사를 받았다. "요즘에는 어쩐지 시력이 약해 져 가까운 것도 잘 안 보인다"고 이야기하였더니 "노안이 되어 가는 거지요." 간호사는 말하였다. 사도꼬 씨는 어느 사이

검진순서

에 나이를 먹고 중년이 되어 노년으로 접어든다는 것을 알게 되자 충격을 받았다. 그 후 안저검사(眼底檢査)를 받았다. 이 것은 고혈압이나 동맥경화를 검사하기 위한 것인데, 안구 앞 에서 직접 섬광을 발광시켜 사진촬영하므로 잠시동안은 눈앞 이 멍해지는 상태가 된다.

다음 폐활량 검사이다. 기기 앞에서 마음껏 숨을 들이키고

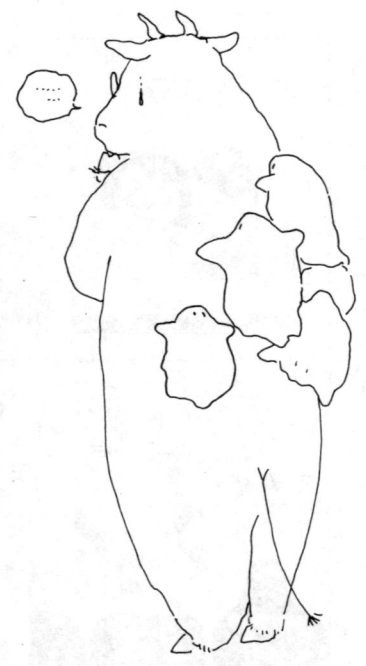

무엇인가 나쁜 것이 생기고 있다.

내쉬도록 하였다. 처음에는 잘 되지 않아 두 번이나 다시 했다. 두번째는 이럭저럭 제대로 할 수 있어 폐활량이나 폐의 기능을 조사받았다.

  폐활량을 검사한 후 초음파진단실로 안내되었다. 초음파진단실에서는 몸에 초음파가 잘 전달될 수 있도록 풀 같은 것을 바르고 초음파를 쬐여 내장 부분을 검사받았다. 이것은 초음파를 몸에 쬐면 각 조직이나 기관에서 반사되는 음파를 컴퓨터를 사용하여 화상처리하는 장치이다. 장기가 브라운관 화면에 비추어져 질환을 찾아낼 수가 있다. 위를 보고 침대 위에 누워 있으므로 검사기의 화상을 비치고 있는 텔레비전의 화면은 볼 수 없으나 어쩐지 같은 장소를 몇 번이나 조작하여 조사하고 있는 것 같아 "혹시 무언가 나쁜 것이 생긴 것이 아닌지…" 하는 생각에 점점 불안해져 가슴이 떨리는 것 같았다. 그러나 검사는 잠시 후에 끝나고 기사는 뜨거운 수건으로 몸을 닦아 주었다.

다음에 갈 곳은 심전도를 검사하는 방이었다. 심전도는 심장 기능을 조사하기 위한 것인데 발과 가슴에 전극이 부착되었다. 처음에는 긴장하고 있던 탓인지 좀처럼 기사는 "좋습니다"라고 하지 않는다. 그 대신 "눈을 감고 아무것도 생각하지 말고 긴장을 풀고 계세요"라고 몇 번이나 말한다. 사도꼬 씨는 눈을 감고 열심히 노력하고 있노라니, "예 좋습니다."라고 말하므로 심전도 검사를 마칠 수가 있었다.

다음에 갈 곳은 위검사실이다. 사도꼬 씨가 종합검진을 받는 것은 이번이 두번째인데, 지난번에 제일 싫었던 것이 이 위검사이다. 컵 가득히 바륨액을 마셔야 하는 것이 싫었기 때문이다. 이것을 마시고 바로 X선을 쬐어 식도와 위 내부의 상태를 필름에 찍어 내는 것이 위검사이다.

바륨은 X선이 통과하기 어려우므로 화상을 선명하게 하기 위해 사용된다. 또한 기계 위에서 몇 번이고 빙빙 돌거나 기계의 손잡이 같은 것으로 위 주변을 박박 문지르기도 한다. "싫은데…" 하면서 검사실 앞에서 주저하고 있노라니, "시호

자와 사도꼬 씨" 하고 이름이 불려서 체념하고 검사실로 들어
갔다.

그런데 기사는 유리벽 저쪽에 있고 이쪽에 대해서는 마이크
로 지시하는 것이다. 물론, X선을 사용하므로 노출되지 않도
록 장치되어 있다. X선검사 장치는 사람이 잘 수 있는 침대
같은 모양으로 되어 있는데 이것이 빙빙 돌거나 혹은 수직으
로 되기도 하므로, 확실하게 지시에 따르지 않으면 이 장치에
서 굴러떨어지는 수가 있다. 우선 처음에 바륨을 한 모금 마
시도록 지시를 받았다. 몸의 위치를 이렇게 저렇게 취하도록
지시받고 바륨을 한 모금 마셨다. 이와 같이 하여 인두(咽頭)
에서 위까지 검사하게 된다. 이것이 끝난 후 발포제와 나머지
바륨 전부를 마시라고 하기에 큰마음 먹고 한꺼번에 마셔 버
렸다. 이 바륨은 약간 달콤하기에 마시기 쉽지만 발포제도 함
께 마시게 되므로 트림을 하지 말라고 한다. 바륨을 마셔 본
일이 없는 사람은 탄산의 맛이 강한 주스를 한꺼번에 많이 마
셨을 때의 느낌을 상상하면 좋으리라 생각된다.

바륨과 발포제를 마시고 나서부터가 큰일이다. 우선 위를
보고 누운 다음 한 번 회전하여 옆으로 된 자세로 촬영한다.
다시 앞으로 촬영하고 이와 같은 일을 몇 번이고 되풀이한다.
그 다음에는 앞에 있는 쇠막대기가 배 부분으로 다가와 위 주
변을 심하게 내리누른다. 이러한 촬영이 끝나고 "수고하셨습
니다"라는 말을 들었을 때 비로소 사도꼬 씨는 안심할 수 있
었다. 그리고 밖으로 나가니 드디어 마지막 과정인 내과검진
이 남았다.

진료실에서 부르기에 안으로 들어가니 우선 의사선생님은 청진기로 등과 가슴 부위의 소리를 검사한 다음, 침대 위에 누우라고 지시한다. 발을 검사하였는데 이것은 아마 반사신경을 조사한 것으로 각기 등의 병을 진단했을 것이다. 그 다음에 지금까지의 건강상태나, 특히 최근에 이상이 있었는지에 대해 의사는 정중하게 물어보았다. 이렇게 해서 일단 검사는 마칠 수 있었다.

혈액검사에서 큰 역할을 하는 효소

지금까지 사도꼬 씨가 받은 검사 중에서도 여러 가지 슈퍼파워 효소가 각 부분에서 큰 역할을 하고 있다. 처음에 20㎖의 피를 채혈하였는데 이 혈액은 임상검사실로 보내져 성분검사가 이뤄진다.

가령 혈당치의 측정에서는 정상의 혈액 100㎖ 중에 60∼110㎖ 정도의 글루코오스가 함유되어 있다. 이것의 농도가 지나치게 낮아도 안되고 또한 지나치게 높으면 소위 당뇨병이라 하는 일종의 질병인 것이다. 또한 이 혈당치를 측정함으로써 심근경색과 같은 다수의 합병증도 조사할 수 있다. 이 혈당치를 측정하기 위해서 효소가 사용된다. 즉 글루코오스를 산화하는 효소인 글루코오스 옥시다아제가 사용되며 이 효소반응으로 과산화수소가 적출된다. 이것과 퍼록시다아제와 산화환원색소라는 착색색소를 사용하면 글루코오스의 농도를 색의 변화로서 알아낼 수 있다. 또한 나중에 설명하는 바이오센서를 사용하면 혈액 속의 글루코오스를 10초 사이에 측정할 수

가 있다. 당뇨병의 진단에는 그 밖에 당화헤모글로빈, 프룩토
사민(fructosamine) 등의 화합물을 측정할 필요가 있다. 이
것 이외에 많은 화학물질을 효소의 작용을 적절하게 이용하여
측정할 수 있다. 그 예를 약간 소개하기로 하자.

혈액 속의 요소 측정은 신부전, 요독증, 소화관 출혈, 심부
전 등을 검사하는 데 중요하다. 이것을 측정하려면 혈액이나
요 속의 요소를 우레아제(urease ; 요소를 분해하는 효소)로
분해하여 암모니아로 한다. 이것을 인도페놀(indophenol)이
란 화합물로 측정한다. 또한 요산의 측정은 통풍(通風)이나
신장기능 저하를 진단하는 데 있어 매우 중요하다. 이것을 측
정하기 위해서도 효소가 사용된다. 즉 요산에 우리카아제
(uricase)라는 효소를 작용시키면 이것이 산화되고 이 반응으
로 과산화수소가 생긴다. 이 반응은 이미 설명했듯이 색소의
색 변화를 유도하여 그 색으로 측정할 수 있다.

한편, 같은 검사항목의 하나로 크레아티닌(creatinine)이
있다. 크레아티닌의 측정은 신장병, 심부전, 요로폐쇄 등과 같
은 질병의 진단에 반드시 필요하다. 이것을 측정하는 데에도
효소가 사용된다. 이 크레아티닌의 측정은 아직 완전한 방법
이 확립되어 있는 것은 아니나 효소를 이용함으로써 측정할
수가 있다. 이때에 사용되는 효소는 크레아티니나아제
(creatininase), 크레아티나아제(creatinase) 등의 효소이다.

나아가서 지질의 양을 측정하는 데에도 효소가 쓰인다. 콜
레스테롤의 모든 양을 측정하는 것은 고지혈증(高脂血症), 동
맥경화, 협심증, 심근경색 등 심장과 관계되는 질병을 진단할

때 꼭 필요한 작업이다.

이 총 콜레스테롤을 조사하는 데에도 효소가 사용된다. 콜레스테롤 중에는 에스테르의 형태로 존재하고 있는 것도 있으므로 우선 이것을 에스테라아제라는 효소로 에스테르 부분을 분해하여 콜레스테롤로 변화시키고, 이것을 콜레스테롤 산화효소, 즉 콜레스테롤 옥시다아제(cholesterol oxidase)를 작용시키면 콜레스테롤이란 화합물로 변한다. 이 반응에서 나타나는 과산화수소를 측정하여 총 콜레스테롤을 구할 수 있다.

또한 중성지질의 경우에는 중성지질이 다량 함유되어 있는 리포프로테인(lipoprotein ; 지질과 단백질과의 결합물)의 형태로 혈액 중에 존재하므로, 이것에 리포프로테인 리파아제(lipoprotein lipase)라는 지질을 분해하는 효소를 작용시켜 분해함으로써 생기는 글리세롤(glycerol ; 알코올의 일종)을 화학적 방법으로 측정하거나 효소법으로 측정한다.

이 글리세롤에 글리세롤 키나아제(glycerol kinase)라는 효소를 작용을 시키면 글리세롤-3-인산(glycerol-3-phosphate)과 아데노신-2-인산(adenosine-5-diphosphate)이 생성된다. 이때에 생긴 아데노신-2-인산에 피루브산 키나아제(pyruvate kinase)란 효소를 작용시켜 피루브산(pyruvic acid)을 합성하고, 여기에서 다시 젖산 탈수소효소(lactate dehydrogenase)를 작용시켜 최종적으로 생겨나는 보조효소(니코틴아미드-아데닌 디뉴클레오티드 : nicotinamide-adenine dinucleotide)를 측정한다.

이러한 과정을 거쳐서야 비로소 중성지질을 구할 수 있게 된다. 그러나 이것 이외의 방법도 몇 가지 개발되어 있다.

중성지질의 측정은 동맥경화의 진단에 매우 중요하다. 그렇지만 이 중성지질을 측정할 때는 이처럼 여러 개의 효소를 적절하게 조합하여 사용해야만 한다.

효소의 활약은 질병의 신호

지금까지 설명한 것은 혈액 속의 여러 가지 화학물질에 대하여 효소를 적절하게 이용하여 측정한 예이다. 한편, 혈액에 존재하는 각종 효소의 활성을 측정함으로써 질병을 진단할 수도 있다.

가령 그 대표적인 예가 GOT, 즉 글루탐산−옥살로 아세트산 트란스아미나아제(glutamic−oxaloacetic transaminase)라는 효소이다. 이것은 간세포 속에 함유되어 있는 효소이며, 간장세포가 파괴되거나 간세포의 세포막 투과성이 높아지면 혈액 속에 유출하여 증가하는 효소이다. 이 값이 높아지면 만성간염, 알코올성간염, 간경변 등의 만성화한 간장장해가 있는 것으로 간주된다. 이 GOT는 심근에도 함유되어 있으므로 심근경색을 진단할 때에도 이 측정을 한다.

또한 흔히 듣는 GPT라는 것도 효소이다. 이것은 글루탐산−피루브산 트란스아미나아제(glutamic−pyruvic transaminase)라는 효소이며 역시 간세포 속에 함유되어 있는 효소이다. 이 효소의 혈액에서의 활성을 조사함으로써 급성간염 혹은 만성간염, 간경변 등을 진단할 수 있다.

한편 LDH − 젖산 탈수소효소(lactate dehydrogenase)의

약어 − 라는 효소도 자주 조사된다. 이것은 주로 심장, 신장, 간장, 폐, 혈액세포, 골격근 등에 함유되어 있다. 간장에 질환이 있으면 GOT, GPT 등의 검사와 병행하여 이것이 진단된다. 또한 심근경색이나 폐질환이 있거나 백혈병, 악성빈혈, 간염, 악성종양일 때에도 이것이 증가함으로 LDH 측정은 다양한 질병의 진단에 반드시 실시하게 되는 검사의 하나이다.

또한 ALP는 알칼리 포스파타아제(alkaline phosphatase)라는 효소의 약어인데, 간장 내에서 생성되어 담즙 속으로 유출되는 효소이다. 이 효소의 활성이 높아지면 담석이나 담관의 질병일 가능성이 있으며 경우에 따라서는 악성종양(암)의 간장으로의 전이나, 간암일 때에도 상승한다는 것이 알려져 있다. 또한 뼈에 이상이 있는 경우에도 상승한다고 한다.

γ−GTP는 γ−글루타밀 트란스펩티다아제(γ−glutamyl transpeptidase)라는 효소의 이름으로 신장, 췌장, 간장, 소장, 비장 등에 포함되어 있다. 이 효소의 활성치가 높아지면 간장, 담도, 췌장 등에 질병이 생길 가능성이 있다. 이 효소는 알코올 중독인 사람과 그렇지 않은 사람 사이에 명확한 차이가 나타나므로 그러한 검사에도 사용할 수가 있다. 이 효소의 값에 울고 웃는 신사분들도 많을 것이다.

CHE는 콜린 에스테라아제(choline esterase)라는 효소의 약어이며 간장에서 생성되어 혈액 속으로 분비되는 효소이다. 간세포가 장해를 받으면 이 값이 저하한다. 간경변, 극증간염, 간장암 등으로 특히 저하하는 성질이 있다. 다른 효소는 질병에 걸리면 대부분 활성이 상승하는데 이처럼 값이 저하하는

효소 역할이 활발하면 질병에 걸린다니…

효소도 있는 것이다.

또한 아밀라아제라는 효소는 녹말을 분해하는 효소이며 췌장과 타액선에서 생성된다. 이 효소의 값이 상승하면 췌장염이나 췌장암, 담석, 담낭염, 만성신부전 등의 질병에 걸릴 가능성이 있다.

CPK(CK)라고 불리는 효소는 크레아틴 키나아제(creatine kinase)란 효소이다. 이것은 골격근이나 심근 등의 근육에 있는 효소로 이 값이 증가하면 근육장해가 생겼다는 것을 의미한다. 예를 들어 진행성 근육이영양증(muscular dystrophy), 심근경색 등의 환자는 이 값이 상승한다.

또한 혈액의 생화학적인 분석도 이루어지고 있다. 총 빌리루빈(bilirubin)은 용혈성 빈혈, 담석, 담낭암, 간염, 폐암, 췌장암 등의 매우 중요한 지표가 되는 것이다. ZTT(황산아연 혈청혼탁시험)는 만성간염, 간경변, 결핵, 류머티즘 등 만성 염증 질환 등의 주요한 지표가 된다. A/G비(단백질 분획)는 단백질의 일종인 알부민(albumin)과 글로불린(golobulin)의 비를 뜻하며, 이 2개의 비를 구함으로써 간경변, 영양실조, 만성전염병.등의 진단이 이루어진다.

또한 지질의 성분으로서 LDL(low-density lipoprotein 저비중 리포단백질)과 HDL(high-density lipoprotein, 고비중 리포단백질)의 2가지 측정이 이루어진다. 이것은 어느 것이나 고지혈증, 동맥경화, 협심증, 심근경색 등을 진단하는 데 있어 중요한 항목이다. LDL에는 악성 콜레스테롤이 포함되어 있으며 HDL에는 양성 콜레스테롤이 포함되어 있다. 콜레스테롤에도 악성과 양성이 있다니 대단히 흥미로운 일이다.

그 이외에도 혈액 속의 전해질로서 나트륨 이온(Na^+), 칼륨 이온(K^+), 칼슘 이온(Ca^{2+})이 측정되는데 이것은 신체의 영양상태를 조사하는 데 있어 대단히 중요한 항목이다.

기타 갑상선 기능검사 등에도, 바세도우병의 진단에도 사용
된다. TP(총 단백질)도 극증간염, 간경변, 네프로제 증후군
등의 측정에 사용된다.

여기에서는 여러 가지 질병이나 효소의 이름들이 나와 매우
알아듣기 어려웠을 것이라 여겨지나, 요점은 이러한 질병에
걸리지 않기 위해서라도 이러한 건강진단이 중요하다는 것과,
우리 몸 속에서 많은 효소가 초능력을 발휘하여 우리들을 지
켜 주고 있다는 사실이다. 이 점을 잘 기억하고 있으면 좋을
것이다.

경이의 건강진단기, 바이오센서(biosensor)

사도꼬 씨는 진단을 마치고 간호원로부터 여러 가지 분석에
사용되는 효소의 이야기를 들었다. 그래서 효소의 중요한 역
할과 건강진단의 중요성을 잘 이해할 수 있었다. "효소는 그
밖에도 여러 분야에 사용되고 있어요"라는 이야기도 하였다.

가령 당뇨병 환자는 혈당치의 관리가 매우 중요하며 증상에
따라 식사 메뉴를 고려해야 한다고 한다. 또한 적어도 식사
전과 취침 전에 혈당치를 측정할 필요가 있다고 한다. 이때
사용되는 것은 간단한 시험지다. 즉 손가락을 바늘로 찔러 피
를 내어 이 혈액을 시험지에 묻혀 색 변화를 측정한다. 이러
한 시험지에도 글루코오스 옥시다아제(glucose oxidase)라는
효소가 발라져 있다고 한다. 이러한 시험지는 가정에서도 혈
당치를 측정하는 데 사용할 수 있는 것으로 여러 제약회사에
서 판매하고 있다.

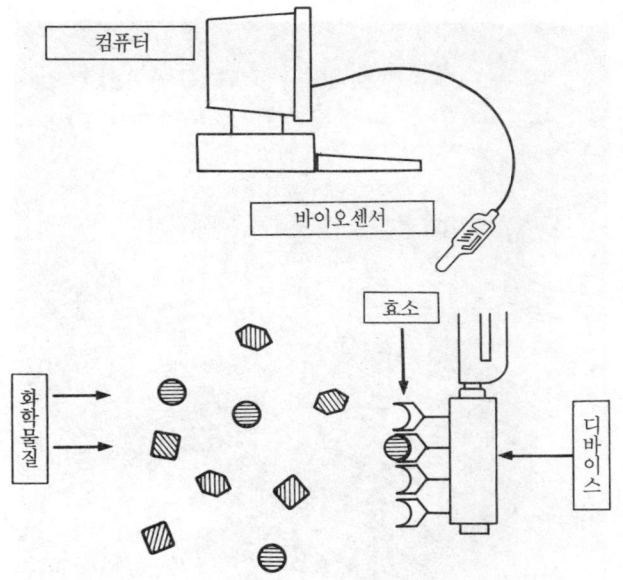

Ⅲ-2 바이오센서의 원리

스포츠를 할 때의 건강관리 등에도 효소가 사용된다고 한다. 급격한 운동을 하여 조직내에 산소가 결핍되면 혈중 젖산 농도가 상승한다. 그러므로 운동생리학 분야에서 훈련효과의 측정 혹은 과다훈련의 방지, 지구력의 평가 등에 혈중 젖산농도의 측정이 이루어지고 있다고 한다.

"이러한 효소와 첨단기술을 연결한 바이오센서라는 기계도 있는걸요"라고 말하면서 간호원은 "이것 좀 보세요" 하며 진찰실 한쪽에 놓여 있는 장치를 보여주었다. "이것이 바이오센서예요" 하면서 설명을 해 주었다.

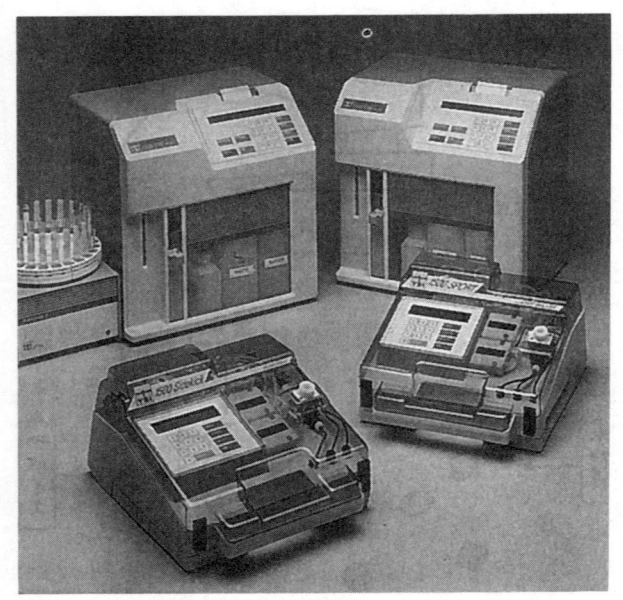

Ⅲ-3 바이오센서

　그 센서는 글루코오스와 젖산을 측정하는 것인 듯하다. 이 센서의 원리는 별로 어렵지 않은 것 같았고, 간호원은 자신이 강습을 받을 때의 일을 상기하면서 설명해 주었다.

　"이 센서에는 글루코오스 옥시다아제라는 효소가 막(膜) 속에 결합해 있어요. 혈당치를 측정하기 위해 글루코오스 옥시다아제를 사용할 경우, 보통은 그것을 물에 녹인 상태로 사용하므로 측정한 다음에는 버리게 되지요.

　그러나 여기에서 글루코오스 옥시다아제는 막에 붙어 있으므로 몇 번이고 쓸 수 있는 셈이지요. 효소가 혈액 속의 글루코오스와 반응하면 글루코오스가 산화되어 글루코노락톤 (gluconolactone)과 과산화수소가 생성되지요. 이 글루코노락 톤은 글루콘산(gluconic acid)이 되는데 이 반응에서 산소가 소비되고 과산화수소가 생성됩니다. 산소 혹은 과산화수소란 것은 전극으로 간단하게 측정할 수 있는 것이에요.

이 장치는 미국의 옐로 스프링이란 회사 것인데, 과산화수 소를 측정하는 전극과 글루코오스 옥시다아제의 막을 조합하 여 만든 것이라고 해요.

여기에다 혈액을 넣지요. 이 아래에 전극이 있어 그 표면에 서 혈액과 효소를 함유하는 막이 접촉해서 글루코오스가 산화 되고, 여기에서 과산화수소가 생성됩니다. 이 과산화수소가 여기에 있는 전극에 의해 측정되면 전류치가 얻어지는 거지 요. 이 전류치는 속에 들어 있는 컴퓨터에 의해 농도가 환산 되어 여기에 적혀 나오게 되는 거지요.

대체로 10초 정도이면 혈액 속의 글루코오스 농도를 측정 할 수 있지요. 이 장치를 사용하면 혈액을 그대로 딱 한방울만 넣기만 해도 글루코오스를 측정할 수 있으므로 당뇨병 환자들 에게 매우 편리한 기계인 셈이지요. 물론, 이 장치의 글루코 오스 옥시다아제의 막을 젖산 옥시다아제(lactate oxidase)의 막으로 바꾸면 젖산이 측정될 수 있고, 아미노산을 산화하는 효소의 막으로 바꾸면 여러 가지 아미노산이 측정됩니다"라고 설명해 주었다.

"과연 첨단기술을 사용하면 편리해지는군요." 사도꼬 씨는 잘 이해할 수 없었지만 굉장한 기계가 사용되고 있으므로 자

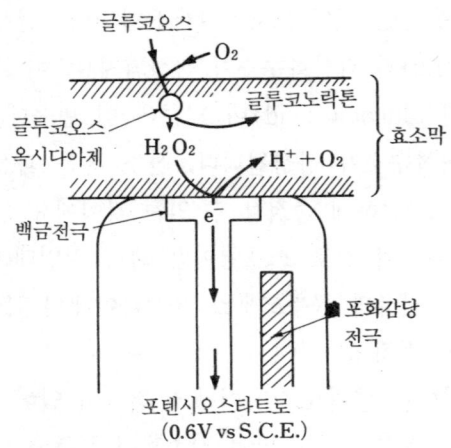

글루코오스

O_2

글루코노락톤

글루코오스
옥시다아제

$H_2 O_2$

$H^+ + O_2$

효소막

백금전극

e^-

포화감당
전극

포텐시오스타트로
(0.6V vs S.C.E.)

Ⅲ-4 글루코오스 센서의 원리

신의 검사결과도 정확하게 나올 것이라 생각했다. 또한 그 기계의 관건인 효소의 초능력에 새삼스럽게 놀랐다.

간호원은 "이 분석장치는 요의 분석에도 쓰입니다. 만일 사도꼬 씨의 오줌을 이 장치에 작동시키면 요 중의 글루코오스, 젖산 등을 측정할 수 있어요."라고 설명해 주었다. 바이오센서라는 것은 당뇨병 환자의 혈당치 이외에도 스포츠 훈련, 혹은 운동생리를 연구하는 데 사용된다고 한다.

이 바이오센서의 응용에 대해서는 여기에서 이 이상의 설명은 하지 않기로 하나, 더 상세하게 알고 싶은 사람은 『바이오일렉트로닉스의 미래』(NTT출판)라든가 『바이오센서 미래의 생물과학시리즈〈4〉』(共立출판) 같은 책을 참고로 하기 바란다.

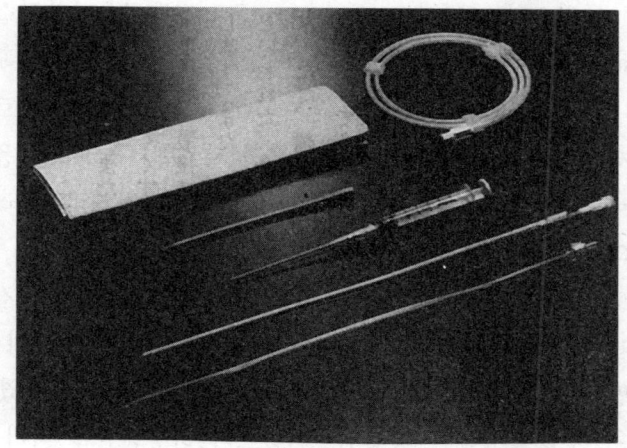

Ⅲ-5 효소 유로키나아제를 사용한 카테터

질병과 싸우는 효소

병원에서는 치료에도 효소가 쓰이고 있다고 한다. 의약품에서 효소가 대량으로 사용되는 것은 물론이지만 카테터(catheter) 같은 데에도 효소가 쓰이고 있다고 한다. 이 카테터란 질병을 치료할 때, 몸 속으로 항암제나 항생물질 같은 의약품을 들여보내거나 몸속을 조사할 때에 쓰이는 관을 말하는 것이다. 통상 여러 가지 재료로 이 카테터가 만들어지나, 이것이 혈액에 접촉하면 관 속에 혈전이라고 하는 혈액이 응고한 것이 생겨 관 속이 막혀 버린다.

이 카테터에 혈전이 생기는 것을 방지할 목적으로 효소를 고정시켜 사용하고 있는 것이다. 이때에 쓰이는 것은 유로키나아제(urokinase)라는 효소이며, 혈액 속에 대량으로 존재하는 플라스미노겐(plasminogen)이란 단백질을 플라스민 (plasmin)으로 바꾼다. 이 플라스민은 생성된 혈전을 용해하므로 장시간 사용해도 혈전이 생기지 않는다. 또한 γ-유로키나아제(γ-urokinase)는 생성된 혈전 피브린(fibrin)도 용해하므로 더욱 혈전이 생기기 어렵게 하는 특징이 있다. 이러한 카테터도 현재 판매되고 있다.

사도꼬 씨가 마지막으로 접수처에 들르니 간호원이 "검사 결과는 1주일이나 10일 후에 우송하겠습니다. 또 이상이 발견되면 진찰하겠으니 다시 병원에 와 주세요."라고 말하였다. 오늘은 하루에 끝내는 종합검진이었으나 하룻동안에 여러 가지를 배울 수 있었다고 생각하였다. 단지 초음파로 진찰받았을 때, 몇 번이고 같은 부위를 검사받은 것같이 느껴지는 것이 마음에 걸렸고 나이를 먹었다는 사실을 싫든 좋든 알게 되었다는 것은 충격이었다.

그러나 이것으로 몸의 상태를 이해하게 되고 그것을 위해 여러 가지 효소가 쓰인다는 사실을 알게 되었다. 한때 자신이 효소제조회사에 근무하였던 때부터 매우 시대가 발달했다는 사실에 감개무량함을 느끼며, "현대의 건강진단이란 것은 매우 신속하고도 정확하게 이루어지는 것이로구나" 하고 감탄하면서 병원을 떠났다.

IV

효소가 뒷받침하는 첨단과학

효소의 공업적 생산과 응용

한편, 요시오 씨가 차를 운전하여 교외에 있는 도쿄발효공업의 중앙연구소에 도착한 것은 오전 8시 30분이다. 주차장에 차를 주차시키고 바로 사무실로 들어갔다. 요시오 씨는 연구소 효소응용부의 부장이다. 이 효소응용부란 곳은 효소를 생산하거나 효소를 이용하여 여러 유용물질을 만드는 부서이다.

아침에 출근하면 바로 비서인 고바야시 양이 차를 갖고 나타나 "안녕하세요. 오늘의 부장님 스케줄은 이렇습니다. 부탁드립니다" 한다. 요시오 씨는 비서로부터 스케줄을 받고 체크하였다. "오늘은 연구실의 사람들과 토의할 시간이 10분 있구나" 하고 혼잣말을 하였다.

요시오 씨 밑에는 연구실이 3개 있다. 효소를 이용하여 유용물질을 생산하는 연구실, 유전자재조합기술 등에 이용되는 각종 효소를 추출정제하는 연구실 그리고 효소의 새로운 응용을 구상하는 연구실이다.

효소를 사용하여 유용물질을 생산하는 연구는 이른바 바이오리액터의 연구가 중심이다. 도쿄발효공업은 다나베제약이 개발한 고정화효소의 기술을 도입하여 여러 가지 아미노산을 만들고 있다. 1969년 다나베제약의 지바다(千畑) 사장 등은 아미노아실라아제(aminoacylase)를 이온교환수지에 결합시켜 고정화하여 이것을 화학합성한 DL-아미노산의 광학적 분할에 이용함으로써 L-아미노산을 생산하는 방법의 개발·연구를 시도, 세계에서 처음으로 고정화효소를 사용한 L-아미노산의 생산에 성공하였다.

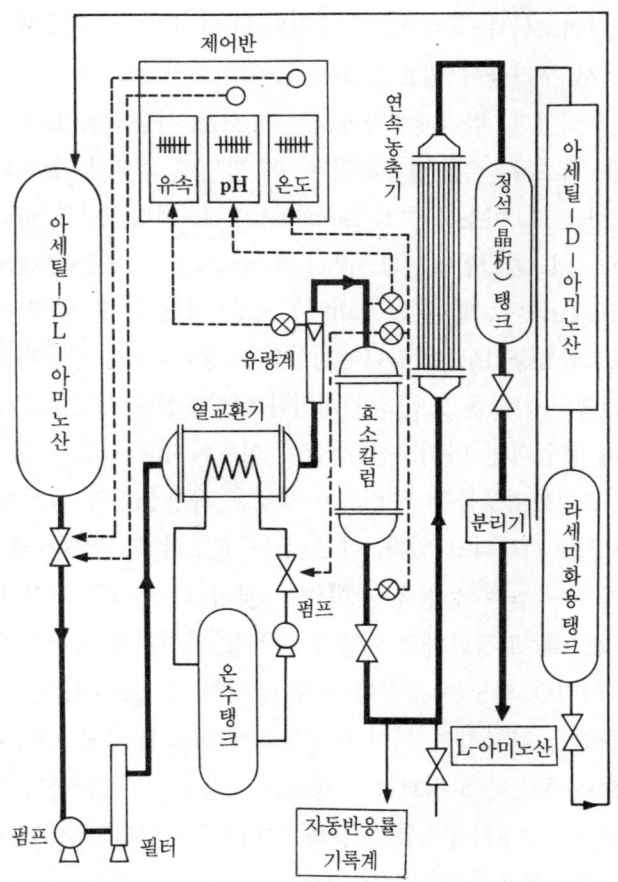

Ⅳ-1 L-아미노산 연속제조장치의 예

즉 아미노산에는 마치 거울에 비추어질 때처럼 ― 왼손과 오
른손같이 ― 구조가 대칭을 이루는 것이 있다. 몸 속에서 이용
되는 것은 L-아미노산인데, 아미노산을 화학적으로 합성하면

이 L-아미노산과 구조적으로 대칭인 D-아미노산도 만들어진다.

따라서 우리들이 필요로 하는 L-아미노산만을 만드는 방법이 연구되었다. 다나베제약에서는 효소를 사용하여 L-아미노산만을 제조하는 데 성공하였다. 이 방법에 의해 L-알라닌(L-alanine), L-이소류신(L-isoleucine), L-메티오닌(L-methionine), L-페닐알라닌(L-phenylalanine), L-트립토판(L-tryptophan), L-발린(L-valine) 등을 생산할 수 있게 되었다. 도쿄발효공업도 이 다나베제약의 고정화효소를 사용하는 바이오리액터 기술을 도입하여 이러한 아미노산을 생산하고 있다.

이미 공업적인 아미노산 생산이 이루어지고 있으나 고정화효소, 고정화미생물을 사용하는 새로운 유용물질의 생산에 관한 연구도 시행되고 있다. 이 연구는 효소의 안정성을 높이고 부가가치가 높은 물질을 찾아내는·것이 관건인데, 그러기 위해서 효소를 고정화하고 어떻게 이용할 것인가의 연구를 하고 있다. 이러한 연구는 생산에 매우 밀접한 것으로 새로운 생리활성물질을 탐구하기 위해 미생물에서 효소를 추출하여 여러 방법으로 효소를 고정화하여 생산에 사용할 시도를 하고 있다.

또한 이 고정화효소를 사용하는 바이오리액터의 제어 시스템 연구도 이루어지고 있다. 각종 센서를 사용하여 이 바이오리액터로서 항상 최고의 생산능률을 높이기 위해 컴퓨터 제어에 의한 효율적인 유용물질의 생산연구가 이루어지고 있다.

이러한 시스템에 의해 유용물질을 효과적으로 생산할 수 있는 것을 알았다. 고정화효소는 여러 유용물질을 만드는 데 사용된다. 가령 설탕 대신에 쓰이는 이성화당을 만들기 위해서

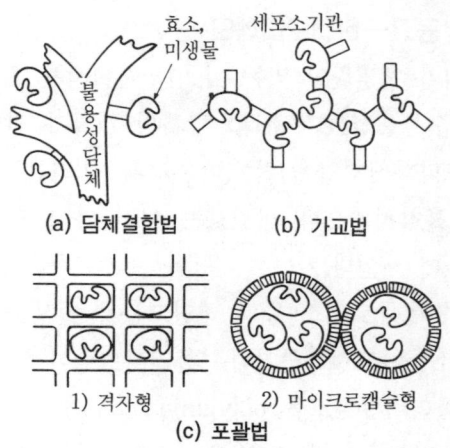

Ⅳ-2   고정화효소, 고정화세포소기관, 고정화미생물의 모식도

고정화 글루코오스 이소메라아제(glucose isomerase)가 사용
되고 있으며 저젖당우유의 제조에 고정화 락타아제가 쓰인다.

  바이오리액터를 공업적으로 이용하는 장점은 효소를 고정화
함으로써 반복해서 사용할 수 있다는 것이다. 따라서 이것을
리액터에 충전하면 에너지 절약을 할 수 있으므로 효소의 가
격과 생산경비를 대폭 줄일 수 있다.

  그런데 아미노산은 식품첨가물로서 쓰이고 있으나 더욱 중
요한 용도는 수액(輸液)으로서 영양소의 점적(點滴)에 사용되
는 것이다. 이 수액의 원료로서는 각종 아미노산이 이용되고
있으나 이것은 일본만이 아니라 미국에서도 대량으로 사용되
며 많은 아미노산이 미국으로 수출되고 있다.

효소의 반응기―바이오리액터

요시오 씨가 책임맡고 있는 이 연구실에서는 효소를 고정화하기 위한 수불용성(水不溶性) 담체의 개발과 연구가 이루어지고 있다. 다나베제약에서는 이온교환수지라는 것을 사용하여 효소를 흡착시켰으나 실제로는 여러 가지 담체가 효소를 고정화하는 데 쓰인다.

예를 들면 셀룰로오스 등의 천연고분자 일부를 화학적으로 바꾸어 효소를 고정화하거나, 폴리아크릴아미드(polyacryl-amide)나 폴리비닐알코올(polyvinylalcohol), 폴리에틸렌글리콜(polyethyleneglycol) 같은 합성고분자에 효소를 결합시키거나, 혹은 유리 입자나 페라이트(ferrite)의 분말·활성탄·세라믹스(ceramics) 같은 무기화합물에 효소를 화학적으로 결합시키거나, 물리적으로 흡착시키는 방법도 있다. 이러한 물질을 효소를 고정화하는 담체(擔體)라고 부른다.

이 담체로서 무엇이 우수한가 하는 문제에 대해 많은 시행착오를 거듭하면서 연구를 하고 있는데, 효소를 고정화하기 위해서는 가장 우수한 담체를 선택하는 것이 중요하다. 요시오 씨의 연구실에서는 고정화효소를 사용하는 각종 유기물질의 생산연구를 하고 있으므로 효소를 추출정제하여 고정화에 가장 적합한 담체를 탐색하는 일도 연구의 하나로 되어 있다.

또한 바이오리액터의 개발도 하고 있다. 실제로 많은 바이오리액터가 있으나 가장 원시적인 것은 하나의 반응기로 그것에 기질을 조금씩 가하면서 생성물을 취득하는 반응기이다. 이 속에는 고정화된 효소가 들어 있어 이것을 천천히 각반

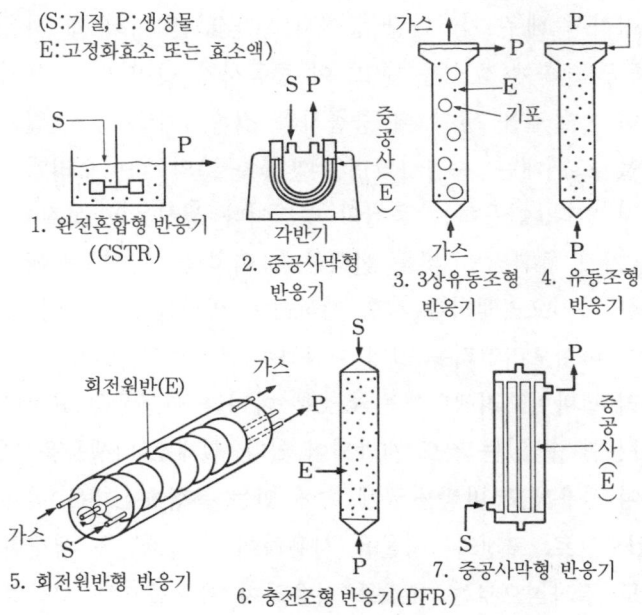

(S:기질, P:생성물
E:고정화효소 또는 효소액)

1. 완전혼합형 반응기
(CSTR)

2. 중공사막형
반응기

3. 3상유동조형
반응기

4. 유동조형
반응기

5. 회전원반형 반응기

6. 충전조형 반응기(PFR)

7. 중공사막형 반응기

Ⅳ-3 각종 바이오리액터(반응기), 후쿠이(福井三郎) 감수 『바이
오리액터』, 고단샤 사이엔티픽에서

(攪拌)하여 반응을 시킨다.

또한 가장 일반적인 바이오리액터는 원통 속에 고정화한 효
소를 채워 위에서 반응하는 물질을 넣고 밑에서 생성물을 받
아내는 것이다. 이러한 바이오리액터는 충전조형(充塡槽型)의
바이오리액터라고 불리며, 가장 일반적으로 사용되고 있다.

또한 효소를 원통 속에서 유동시키면서 밑에서 반응할 물질
을 넣고 위에서 생성물을 꺼내는 식의 유동조형(流動槽型)의
바이오리액터도 알려져 있다.

나아가서 매우 가느다란 중공사(中空絲)를 여러 개 사용하여 중공사 속에 효소를 넣고, 이 중공사가 들어 있는 용기에 반응하는 물질을 넣어 이 중공사와 접촉시켜 반응을 일으켜 생성물을 꺼내는 중공사막형(中空絲膜型)의 바이오리액터도 알려져 있다. 반응하는 물질의 성질이나 생성물의 성질에 맞추어 가장 효과적인 것을 선택한다. 이처럼 이 연구실에서는 다양한 바이오리액터를 시험 제작하여 생성물에 맞추어 가장 적합한 바이오리액터를 설계 제작하여 운전하고 있다.

그리고 바이오리액터에는 효소뿐 아니라 미생물을 고정화하여 사용할 수 있는 것도 개발되어 있다. 실제로 미생물을 고정화하여 사용해도 미생물 균체 속에 있는 복합효소계를 이용하고 있으므로, 고정화미생물을 사용하여 유기물질을 생산한다 하여도 결과적으로는 효소를 사용하여 유용물질을 생산하고 있는 셈이 된다.

다나베제약에서는 1973년에 대장균을 고정화하여 L-아스파르트산(L-aspartic acid)의 제조, 1974년에는 고정화한 브레비박테륨(*Brevibacterium*)이란 미생물을 이용한 L-말산(능금산)의 제조, 1982년에는 고정화 슈도모나스(*pseudomonas*)를 이용한 L-알라닌(L-alanine)의 제조, 1988년에는 같은 미생물에 의한 D-아스파르트산(D-aspartic acid)의 제조를 해오고 있다.

또한 D-아미노산이란 것은 체내에서 분해되지 않으므로 항생물질 등의 구성성분으로 쓰이는 아미노산이다.

이처럼 아미노산이나 유기산을 제조하기 위해서 효소를 사

구리 촉매법에 의한 제조공정

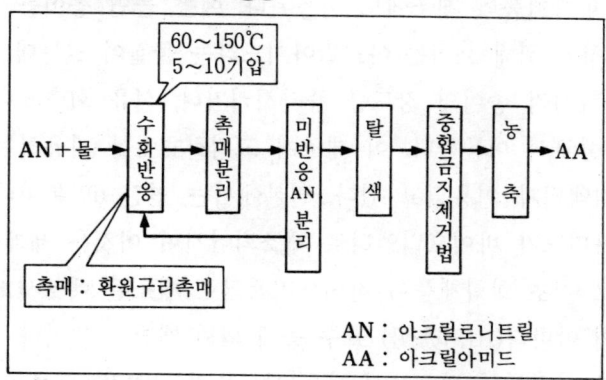

생체촉매법에 의한 제조공정

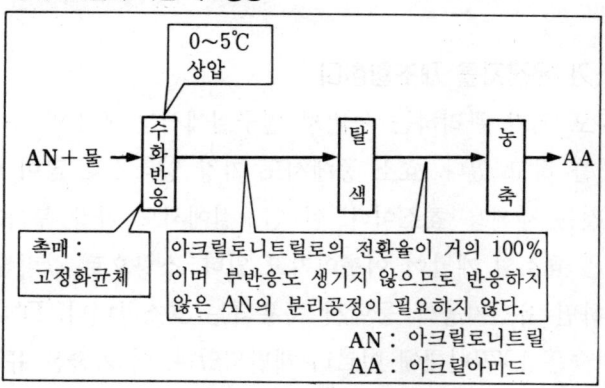

Ⅳ-4 석유화학 플랜트의 공정을 일변시킨 바이오리액터. (재)바이오인
더스트리 협회 편 『바이오테크편람 1991』 통산자료조사회에서

용하는 바이오리액터가 응용되고 있다. 이런 바이오리액터는 기초 화학제품의 제조에도 이용된다. 예를 들면 종이를 튼튼하게 하기 위해 쓰이는 아크릴아미드라는 물질이 있는데 이것을 중합시켜 종이의 강도를 증가시키거나, 석유 회수제나 섬유의 풀로서 이용한다. 이 제조에 고정화효소를 사용하는 바이오리액터가 이용되고 있다. 일본에서는 연간 6만톤이나 아크릴아미드가 바이오리액터로 제조되어지며 이것은 세계에서 최초로 기초 화학제품이 바이오리액터로 제조된 예로서 쿄토대학의 야마다(山田秀明) 교수 등에 의해 개발된 것이다.

기타 화장품의 원료로서 사용되는 β-카로틴(β-carotene)이나 시코닌(shikonin) 등의 색소, 혹은 사향향기의 근원이 될 수 있는 무스크계 합성향료의 생산 등, 여러가지 공업원료를 만드는 데 바이오리액터가 사용되고 있다.

효소가 유전자를 재조합한다

요시오 씨가 관리하는 두번째 연구실에서는 효소의 추출제조연구를 하고 있다. 효소 중에서도 가장 양적으로 많이 이용되는 것은 세제용 효소이다. 이 연구실에서도 가장 부가가치가 높은 효소의 개발이 이루어지고 있다. 소량으로 값비싼 효소라 하면 유전자공학 등에서 사용되는 효소류이다. DNA재조합기술은 1970년대에 이르러 개발되었다. 이 기술은 유전자의 본체인 DNA의 구조, 유전암호의 의미 등이 연구자들의 노력에 의해 해명되었기 때문이다.

DNA 재조합기술이란 간단히 말하면 시험관 속에서 상이

한 생물의 DNA를 가위에 해당하는 제한효소로 절단하여 이
DNA와 같은 제한효소로 절단한 플라스미드(plasmid)와 함
께 혼합해 두는 것이다. 이 플라스미드란 것은 염색체 DNA
와는 다른 작은 DNA이며 유전자의 운반체이다.

　같은 제한효소를 사용하면 절단부위가 동일하게 되므로 소
정의 DNA와 플라스미드를 혼합해 두면 이 두 개가 결합한
다. 그러나 아직 실제로는 네 군데가 절단되어 있으므로 이번
에는 풀에 해당하는 리가아제(ligase)라는 효소를 작용시키면
이 네 군데가 결합하여 완전히 어떤 유전자를 조합한 플라스
미드가 형성된다. DNA를 절단하는 제한효소나 DNA를 결합
시키는 연결효소(리가아제)는 1970년대에 발견된 것이다.

　이렇게 하여 재조합한 DNA를 숙주가 된 미생물에 집어넣
어 그 DNA의 클론(clone)을 만든다. 이것이 DNA 재조합기
술이다.

　여기서 말하는 클론이란 같은 유전자계를 갖는 자손의 개체
군을 말하는 것으로 결국 같은 유전자를 가지고 있는 자손의
모임이란 뜻이 된다. 이 기술을 응용하면 원하는 유전자를 다
른 생물, 가령 대장균 같은 다루기 쉬운 생물의 세포 속에 넣
어서 그 유전자를 발현시킴으로써 원하는 단백질을 생산할 수
있다. 이 유전자공학은 생체내에서 생성되는 호르몬 등 극히
부가가치가 높은 것을 바이오리액터로 대량으로 생산하는 길
을 터놓았다. 이것이 동기가 되어 바이오테크놀러지가 진전하
였다고 해도 지나친 말은 아니다.

　이 제한효소는 어떤 특정한 염기배열을 인식하고 DNA를

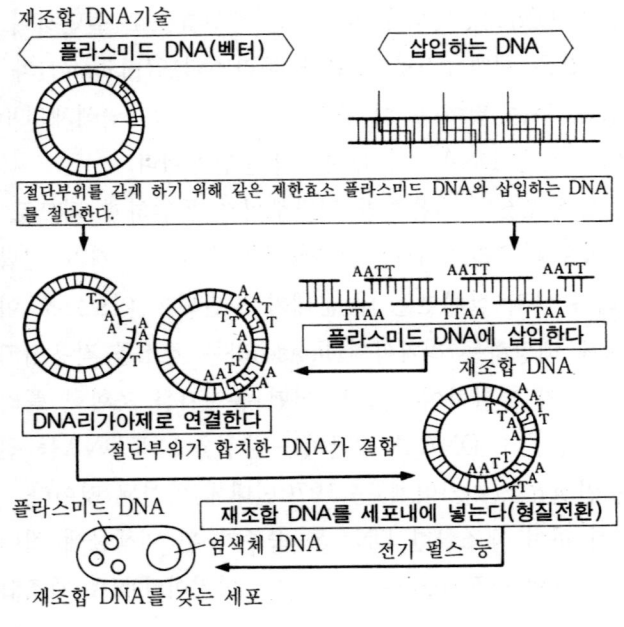

재조합 DNA기술

플라스미드 DNA(벡터)   삽입하는 DNA

절단부위를 같게 하기 위해 같은 제한효소 플라스미드 DNA와 삽입하는 DNA
를 절단한다.

AATT   AATT   AATT
TTAA   TTAA   TTAA

플라스미드 DNA에 삽입한다

재조합 DNA

DNA리가아제로 연결한다

절단부위가 합치한 DNA가 결합

플라스미드 DNA   재조합 DNA를 세포내에 넣는다(형질전환)

염색체 DNA   전기 펄스 등

재조합 DNA를 갖는 세포

Ⅳ-5 재조합 DNA기술. 다카노 편 『유전자공학 입문』에서

절단하는 것이다. 그러나 자신의 DNA에 그러한 배열이 있어
도 절단은 하지 않으려는 교묘한 작용기구로 되어 있다. 거의
대부분의 미생물은 1종류에서 여러 종류의 제한효소를 갖고
있다. 이 제한 효소를 미생물에서 분리정제하면 매우 높은 값
으로 판매할 수 있다. 이 제한효소에는 두 종류가 있어 절단하
는 장소가 특정하지 않은 것을 Ⅰ형, 특정한 염기배열을 인식
하여 특정한 위치에서 DNA를 절단하는 것을 Ⅱ형이라 한다.
또한 연결효소(리가아제)는 DNA의 절단부분을 연결하여

DNA의 클론

완전한 DNA을 이루게 하는 데 사용된다. 구체적으로 말하면
ATP(아데노신 삼인산 ; 우리들의 몸에너지원인 화합물)의 인
산결합을 가수분해했을 때 생기는 에너지를 이용하여 2개의
분자를 결합시키는 효소이다. 이러한 효소는 DNA재조합에는
불가결한 것이며 상업적 가치도 매우 높다.

세포융합기술도 효소의 힘에서

한편, DNA 재조합기술과 마찬가지로 생물을 유전자 수준에서 개량하기 위해 사용되는 방법이 세포융합기술이다. 이것은 원래 오사카대학의 오카다(岡田善雄) 교수 등이 마우스(mouse)에 이식한 복수암세포가 센다이바이러스(sendai virus)의 감염에 의해서 융합되는 것을 발견한 것이 동기가 되었다.

이러한 발견에 의해 서로 다른 세포를, 어떤 의미에서는 인공적으로 융합시키는 것이 가능하게 되었던 것이다. 이와 같이 세포융합은 처음에는 동물세포에서 관찰되었으나 현재에는 식물, 곰팡이, 효모, 고초균, 방선균 등의 미생물에서도 점점 이루어지게 되었다.

그러나 식물은 동물과 달리 단단한 세포벽이 있으므로 세포벽을 용해하는 효소로 이것을 용해시켜야만 한다. 효소로 세포벽을 용해시키면 세포는 프로토플라스트(protoplast)라고 하는 둥근 원형질만으로 된다. 이것은 다시 말해 벌거벗은 세포라고 말할 수 있다. 현재는 다른 2종류의 프로토플라스트를 혼합하여 거기에 폴리에틸렌글리콜(polyethyleneglycol)이란 화합물을 첨가하면 2개의 세포는 융합한다.

융합한 세포는 프로토플라스트만의 상태이므로 이것을 특수한 배양액 속에 넣으면 다시 세포벽이 합성되어 원래의 세포로 되돌아간다. 이 세포융합기술에는 여러 가지 응용이 고려되고 있으나 여기에 사용되는 것이 이른바 세포벽용해효소이다. 식물세포의 세포벽은 셀룰로오스를 주성분으로 하고 헤미

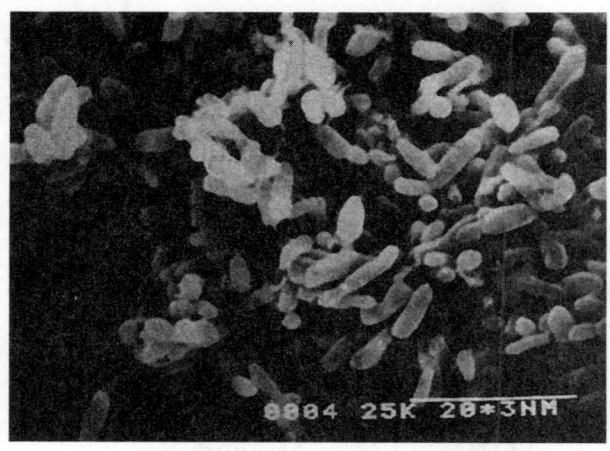

Ⅳ-6 고초균(*Bacillus subtilis*)

셀룰로오스(hemicellulose), 펙틴(pectin), 단백질 등으로 구성되어 있고 또한 세포 사이를 펙틴질이 접착하여 식물조직을 이루고 있다. 따라서 프로토플라스트로 하려면 이러한 물질을 용해시켜 제거할 필요가 있다. 이때에 사용되는 것이 효소인데 일반적으로 펙티나아제(pectinase)와 셀룰라아제(cellulase)가 병용되고 있다.

펙틴 리아제(pectin lyase)라는 효소도 쓰인다. 이 효소는 펙틴 분자를 분해하여 식물조직을 해체하는 탈리효소로서 알려져 있다. 셀룰라아제로서는 목재부패균에서 얻어지는 것이 널리 이용되고 있다. 이 펙티나아제와 셀룰라아제를 식물조직에 작용시키면 쉽게 세포벽이 용해되어 프로토플라스트가 생긴다.

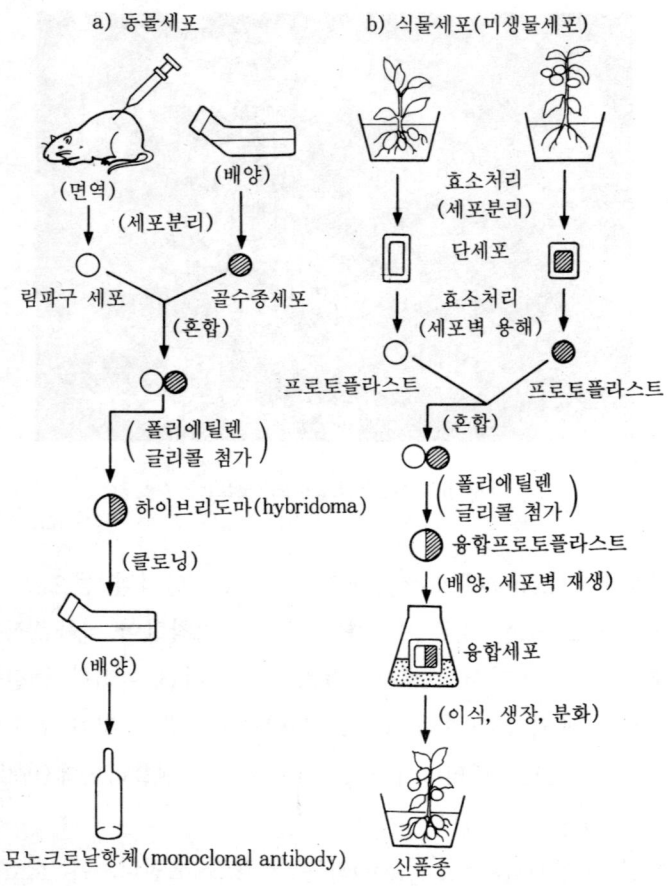

a) 동물세포

(면역)

(배양)

(세포분리)

림파구 세포

골수종세포

(혼합)

(폴리에틸렌
글리콜 첨가)

하이브리도마(hybridoma)

(클로닝)

(배양)

모노크로날항체(monoclonal antibody)

b) 식물세포(미생물세포)

효소처리
(세포분리)

단세포

효소처리
(세포벽 용해)

프로토플라스트

프로토플라스트

(혼합)

(폴리에틸렌
글리콜 첨가)

융합프로토플라스트

(배양, 세포벽 재생)

융합세포

(이식, 생장, 분화)

신품종

Ⅳ-7 동물과 식물(미생물)의 세포융합

　　이러한 유전자공학 분야에서 사용되는 효소로서 Ⅱ형의 제
한 엔도뉴클레아제(endonuclease) 등의 효소가 가장 많이 쓰
이고 있다. 이 제한효소의 일본에서의 판매, 수출은 크게 호조

를 보이고 있으며 연간규모는 15억~20억엔으로 추산되고 있
다. 이러한 효소는 전달효소, 가수분해효소, 연결효소로 구분되
어 있다. 예를 들어 전달효소에서는 터미널 트란스페라아제
(terminal transferase)가 이중사슬 DNA의 부착말단 형성
에, DNA 폴리메라아제(DNA polymerase)가 이중사슬
DNA의 수복(修復) 혹은 역전사효소로서 또는 폴리뉴클레오
티드 키나아제(poly-nucleotide kinase)가 인산기의 전이에,
DNA메틸라아제(DNA methylase)가 수식(修飾)효소로서
DNA 재조합에 사용되고 있다. 가수분해효소로서는 키티나아
제(chitinase), 키토사나아제(chitosanase), 셀룰라아제, 펙티
나아제, 리신 뮤타아제(lysine mutase), 프로테아제, β-글루카
나아제(β-glucanase), 리소짐(lysozyme) 등이 세포융합에
그리고 엑소뉴클레아제(exonuclease), Ⅱ형 제한 엔도뉴클레
아제, 데옥시리보뉴클레아제 Ⅰ(deoxyribonuclease Ⅰ), 알칼
리 포스파타아제, 리보뉴클레아제 등이 유전자재조합에 사용
되고 있다. DNA 연결효소로서는 대장균 DNA 리가아제, T4
DNA 리가아제 등이 DNA 수복에 사용되고 있다.

 이러한 효소를 효율적으로 생산하는 미생물을 여러 장소에
서 채취하여 스크리닝하는 것이 연구실의 주요한 일이다. 이
목적을 위해 전세계의 흙, 물 등이 수집되어 그 시료에서 미생
물이 분리되고 이들 미생물의 효소의 생산성에 대해 검토가
이루어지고 있다.

반딧불도 효소의 힘

세번째 연구실은 새로운 효소의 응용을 시험하는 연구실이다. 예를 들어 반딧벌레는 빛을 내는데 그것은 반딧벌레의 꽁무니 부분에 루시페라아제(luciferase)라는 효소가 있어 루시페린(luciferin)과 ATP를 이용하여 형광을 발하는 것이다. 이 루시페라아제의 유전자는 이미 단리(單離)되었으며 루시페라아제의 유전자를 생물에 넣으면 생물이 발광하게 된다. 예를 들면 요시오 씨의 연구실에서는 이 반딧벌레를 송사리의 난자 속에 조합하였다. 그 결과 이 송사리 속에서 반딧벌레의 유전자가 발현하여 발광하는 것을 알게 되었다. 이 결과는 반딧벌레송사리라 하여 신문에도 게재되어 세계적인 뉴스가 된 일이 있다. 이것은 요시오 씨의 자랑거리 중의 하나이다.

이 루시페라아제의 유전자를 대장균이라는 우리들의 배 속에 있는 균에 도입하면 대장균이 발광세균이 된다. 이 대장균을 사용하면 무서운 발암물질을 발견할 수 있다. 이처럼 반딧벌레의 루시페라아제 유전자를 이용하여 이것을 여러 곳에 발현시키면 재미있는 일이 일어난다.

예를 들어 식물에 도입하면 잎이 빛난다고 한다. 실제로 루시페라아제의 유전자를 도입한 미생물을 사용하여 독물, 발암물질, 중금속 등을 측정하는 시약 키트나 센서의 개발이 이 연구실에서 이루어지고 있다. 또한 어떤 간장 공장에서는 반딧벌레에서 루시페라아제 유전자를 단리하여 대장균의 유전자에 도입하여 루시페라아제를 대량생산하는 대장균을 만들어 내었다. 이렇게 만들어진 루시페라아제는 미생물의 검출에 처음으

Ⅳ-8 반딧불도 효소로 빛난다.

로 사용되었다.

같은 루시페라아제의 응용이 다른 회사에서도 이루어지고 있어 요시오는 약간 초조해하고 있다. 그러나 요시오 씨의 연구실에서의 센서 연구는 다른 회사보다 한 발짝 앞서 있으므로 언젠가는 이 루시페라아제를 사용한 의료검사용의 고감도 센서를 시판할 수 있을 것으로 확신하고 있다. 이것은 요시오 씨가 가장 주력하고 있는 개발분야이다.

V

현대인의 식생활을 지키는 효소

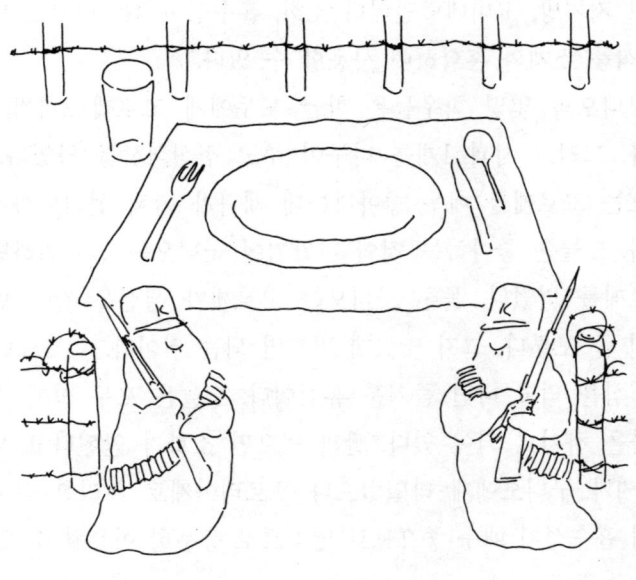

효소식품의 보고(寶庫)—급식

구니오가 다니는 국민학교 안이다. 오전수업이 끝나고 드디어 기다리던 즐거운 급식시간이 되었다. 구니오는 급식당번이므로 몇 명의 아이들과 함께 학교식당으로 학급 점심을 받으러 갔다. 오늘의 급식 메뉴는 고로께 2개와 우유, 과일, 빵이다.

고로께의 주재료는 물론 감자이지만 이 고로께는 생선으로 만든 풀 같은 단백질이 사용되었다. 다시 말해서 꼬리나 내장을 제거한 연어, 게, 정어리, 대구, 낙지, 조개, 새우 등을 뼈까지 함께 분쇄한 것이다. 이것을 프로테아제(protease)로 처리하여, 단백질을 분자량 4만 정도의 펩티드(peptide)라는 아미노산이 결합한 것으로 전환하여 풀 모양의 식품 소재로 한다. 이것이 고로께의 재료로서 사용되는 것이다. 이것은 고단백질이고 저지방, 고미네랄인데다 소화, 흡수성이 뛰어나므로 다양한 식품 소재와 혼합하여 사용할 수 있다.

구니오와 몇몇 학우들은 학급 모두에게 고로께 2개씩, 빵, 우유, 그리고 사과 1개를 나누어 주고 점심식사를 하였다. 구니오는 고로께를 매우 좋아하는데 게다가 야채 샐러드까지도 있다. 오늘은 좋아하는 것이 나왔기에 구니오는 즐거워하면서 고로께를 먹었다. 물론 구니오는 고로께가 생선을 갈아 만든 것인 줄 모른다. 그저 맛있게 먹으면 되는 것이다.

점심을 먹고 나면 즐거운 휴식이다. 오늘은 모두 함께 소프트볼을 하기로 되어 있다. 빨리 먹으면 소화가 안된다고 사도꼬 씨가 구니오에게 타일렀으나 프로테아제로 처리한 식사는 체내 흡수성이 매우 좋으므로 영양으로 충분히 이용될 수 있다.

담배와 암과 효소의 관계

이와오 씨는 거실에서 담배를 피우면서 독서하고 있다. 이와오 씨가 읽고 있는 책은 나쓰메 소세키(夏目漱右 ; 소설가, 1867~1916)의 『나는 고양이다』라는 책이다. 이 책은 이와오 씨가 어린시절 때 읽었던 것인데, 오랫만에 다시 읽고 싶어 책장 한쪽 구석에 있던 먼지를 덮어 쓴 이 책을 꺼내 읽기 시작한 것이다.

이 책에는 다카디아스타아제(Takadiastase)라는 효소 이름이 나온다. 아마도 나쓰메 소세키가 쓴 저서 중에서 유일하게 효소 이름이 나오는 책일 것이다. 다카디아스타아제는 소화제로서 수시로 먹는 것이다. 이것은 밀기울을 누룩균으로 배양한 추출물이며 50종류나 되는 효소를 함유하고 있다.

아들이나 며느리는 담배를 끊도록 수시로 주의를 드리지만 이와오 씨는 전혀 끊을 생각이 없다. 담배를 끊고 스트레스가 쌓일 정도라면 담배를 피우고 몸을 해치는 것이 좋다고 중얼거린다.

그러면 담배를 지나치게 피우면 어떤 질병이 생길까? 담배로서 생기는 질병은 폐기종이다. 이것은 폐 조직이 파괴되는 병으로 담배 성분이 백혈구를 모이게 하고 백혈구가 엘라스타아제(elastase)를 방출한다. 이 엘라스타아제라는 효소는 폐의 섬유상 단백질인 엘라스틴(elastin)을 분해하기 때문이다.

다행히도 이와오 씨는 이 병에는 걸려 있지 않으나 담배를 피우면서 폐기종이나 폐암에 대해 염려하면서 가끔은 담배를 끊을 생각도 한다. 이 암에도 여러 가지 효소가 관련되어 있다.

금연에 의한 스트레스로 생기는 병

  현재까지 약 100종류의 암유전자(옹코진 : oncogene)가 발견되어 있다. 이 유전자가 생성하는 단백질은 몇 가지 그룹으로 구분되어질 수 있다. 그 중의 하나는 단백질을 인산화하는 작용을 갖고 있는 프로테인 키나아제(protein kinase)이다. 따라서 암유전자에 의해 효소가 생성될 수도 있다.

  암의 가장 두려운 것은 전이한다는 점인데 암세포가 전이할 때에는 기저막, 결합조직을 파괴하여 혈액과 함께 체내를 돌다 다른 조직에 도달한다. 이것을 파괴하는 것이 암세포가 분비하는 콜라게나아제(collagenase)라는 효소인데 결합조직 중의 섬유상 단백질인 콜라겐(collagen)을 분해하는 효소이다.

이처럼 이와오 씨가 피우는 담배에는 폐질환이나 암의 원인이 되는 화학물질이 포함되어 있다. 이러한 질병에서도 여러 효소가 활약(?)하고 있는 셈이다. 따라서 효소의 초능력이 반드시 우리에게 쓸모 있는 것만이라고는 할 수 없다.

담배에는 향료가 사용되는데 이 향료의 하나로 멘톨(menthol)이 있다. 얼마 전에는 이 멘톨향(박하향)이 나는 담배가 크게 유행한 일이 있었다. 이와오 씨도 호기심으로 한때는 멘톨이 들어 있는 담배를 피운 적이 있었다. 이 박하향의 성분인 L-멘톨은 청량한 풍미를 내므로 청량음료수, 제과, 담배향료, 의약품 등으로 쓰이고 있다. 이 L-멘톨에는 천연의 것과 화학적으로 합성한 것이 있다. 합성의 것은 티몰(thymol)에서 멘톨이 합성되고 있는데 이때 미생물을 작용시켜 L-멘톨을 합성시키고 있다. 즉 티몰에서 얻어진 멘톨은 이미 설명한 DL-멘톨(D, L-menthol)이므로, 미생물이 갖는 카르복실에스테라아제(carboxylesterase)란 효소를 사용하여 광학적으로 분리하여 L-멘톨만을 생산할 수 있다.

그런데 며느리는 병원에, 아들과 손자는 직장과 학교에 갔으니 이와오 씨는 하는 수 없이 가까운 냉면집에 가서 점심을 먹기로 하였다. 점심 후 다시 방속에 틀어박혀 『나는 고양이다』를 계속 읽었다.

효소로 만드는 올리고당

3시쯤 되어 사도꼬 씨와 구니오가 돌아와 간식을 먹자고 하여 사도꼬 씨는 준비를 하였다. 구니오는 목이 마르므로 콜라를 먹고 싶다고 했다. 이러한 청량음료수로는 콜라뿐 아니라 주스 등 여러 가지가 제조되고 있으며 나름대로 적당한 감미가 있다. 한때는 이 단맛을 내기 위해 설탕이 사용되었으나 현재는 설탕은 거의 쓰지 않고 이성화당이 사용된다. 이것은 글루코오스를 일부 과당으로 변환시킨 것이다. 과당이란 것은 이름 그대로 과실의 단맛 성분인 당류이며 저온에서는 설탕의 1.6배의 단맛이 있다. 글루코오스는 녹말에서 만들어지며 설탕보다는 훨씬 값이 싸다.

이 녹말을 원료로 하여 글루코오스 이소메라아제(glucose isomerase)라는 효소를 작용시키면 약 절반의 글루코오스가 과당으로 변한다. 이 글루코오스와 과당의 혼합물이 이른바 이성화당(異性化糖)이라고 불리는 것이다. 물론 이것은 설탕보다 값이 매우 싸므로 현재는 대량으로 청량음료수, 과자 등의 감미제로서 쓰이고 있다. 아마 일본에서는 100만 톤 이상의 이성화당이 제조되어 쓰이고 있을 것이다. 이 이성화당을 만드는 데 사용되는 것이 글루코오스 이소메라아제라는 효소인 것은 이미 설명하였으나, 이것을 몇 번이나 사용할 수 있도록 고정화시켜 바이오리액터에 사용하고 있다. 즉 이성화당은 바이오리액터에서 생산되는 것이다.

이것 이외에도 다양한 감미제가 있다. 스테비아(stevia) 감미료란 것도 개발되어 있다. 이것은 효소를 이용하여 스테비오사이드(stevioside)라는 스테비아(stevia) 감미성분에 글루코오스를 1~4개 첨가시킨 것으로 양질의 감미료이다. 이 감미료는 설탕 단맛의 150배나 되며 그만큼 달다는 것은 그만

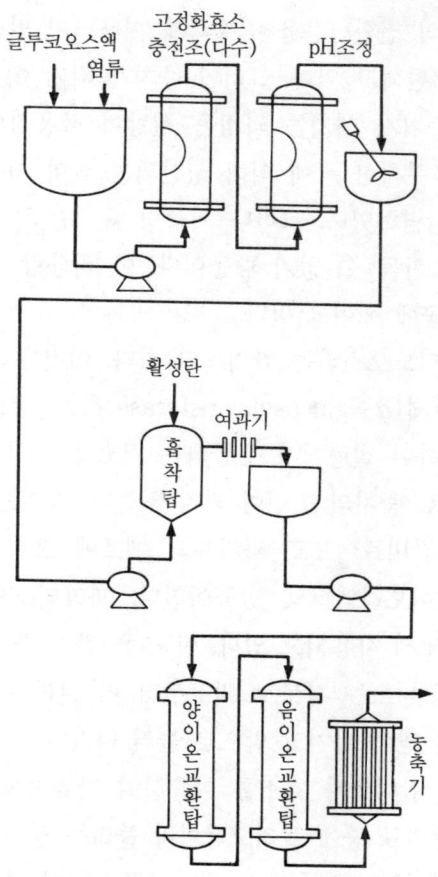

Ⅴ-1 고정화 글루코오스 이소메라아제에 의한 이성화당 제조 공정

큼 칼로리를 낮출 수 있다는 것을 의미한다.

단것은 충치의 원인이 되는 것인데 충치가 되기 어려운 감미료, 커플링 슈거(coupling sugar)라는 것도 개발되어 있다.

이것은 효소의 전환반응을 적절하게 이용하여 만든 감미료이며 이것도 시판되고 있다. 그러면 충치가 되기 어려운 이유는 무엇인가? 충치가 생기는 과정은 설탕이 불용성의 글루칸이 되고 거기에 부착한 균에 의해 생산되는 산이 이를 녹인다는 것은 이미 설명하였다. 그러나 커플링 슈거는 충치균이 불용성 글루칸을 만들 수 없기 때문이다. 이 커플링 슈거는 주로 과자류의 가공에 쓰이고 있다.

또한 파라티노오스라는 감미료가 있다. 이것은 α-글루코실트란스페라아제(α-glucosyltransferase)라는 당을 전환하는 효소를 이용하여 설탕에서 생산되는 것으로 충치균에는 이용되지 않으므로 충치의 원인이 되지 않는다. 감미는 설탕의 42%이며 고급감미료이므로 과자류의 제조에 쓰이고 있다. 이 감미료도 바이오리액터로 만들어진다. 파라티노오스는 현재 껌의 감미료로서 사용되고 있다. 이 껌을 씹는 한 충치에 걸리지 않는다. 구니오는 사도꼬 씨로부터 이 파라티노오스가 들어 있는 껌을 받아 가지고 밖으로 놀러 나갔다.

기타 많은 감미료가 효소를 이용하여 만들어지고 있다. 특히 이러한 감미료 중에 올리고당이라 불리는 당이 여러 개 결합한 것은 비피두스균(*Lactobacillus bifidus*)이 장내에서 증가하는 것을 돕는 작용을 한다. 이 비피두스균에 의해 장내의 부패물질이나 유해물질을 생성하는 세균류가 제어되고 나아가서 변비의 개선, 생체내의 면역 증강 등을 촉진한다고 한다. 이러한 올리고당을 만드는 데는 각종 효소가 사용되고 있다.

이러한 올리고당에도 몇 가지 종류가 있다. 프룩토올리고당

V-2 몸에 좋은 올리고도 효
소의 초능력으로 만들어
진다.

(fructase)은 야쿠르트 등 많은 것에 이용되고 있다. 또한 말토올리고당(maltose)은 환자의 유동식(流動食) 등에 쓰이고 있다. 이소말토올리고당(isomaltose)은 식품, 음료, 과자 등에 응용되고 있으며 갈락토올리고당(galactose)은 식품이나 음료에, 키실로올리고당(xylose)은 식품에 응용되고 있다. 이처럼 많은 올리고당이 비피두스균 증식효과를 나타내는 감미료로서 알려져 있다.

생선은 어느 정도 신선도가 있는가?

사도꼬 씨는 별로 쇼핑을 즐기는 주부는 아니다. 1주일에 한 번 정도 근처의 슈퍼마켓에서 한꺼번에 대강 생각해서 듬뿍 물건을 사는 일이 많다.

사도꼬 씨는 냉장고에 보관 중인 생선횟감을 꺼냈다. 이 횟감은 산 지 3일이 경과한 것이다. 실제로 눈으로 보았을 때는 아무렇지도 않게 보이나, 정말 날것으로 먹을 수 있을지 불안하다. 그런데 요즈음 가정용으로 팔리고 있는 선도(鮮度) 시험지를 사두었다는 것을 머리에 떠올린 사도꼬 씨는 바로 선도 시험지를 냉장고 한쪽 구석에 있는 플라스틱 용기에서 꺼냈다.

이 시험지는 얼핏 보아 보통의 플라스틱판 같으나 그 위에 네모난 종이가 붙어 있고 이 종이 위에 효소가 발라져 있다. 생선의 신선도를 측정하는 원리는 설명서에 적혀 있다. 사도꼬 씨는 이것을 읽었다. 우리들의 몸 속에는 고에너지물질로서 아데노신 삼인산(adenosine triphosphate)이란 화합물이 있다. 이것은 우리들이 에너지원으로 이용하는 매우 중요한 화합물이다.

이 화합물을 분해하면 에너지가 얻어지며 이 에너지를 사용하여 우리들은 소리를 내거나, 걷거나, 여러 가지 행동을 할 수 있게 된다.

이 아데노신 삼인산은 ATP란 약어로 불리고 있다. ATP는 실제로는 세포 속에 있으며 여러 가지 반응에 에너지를 공급하며 우리들이 살아가는 데 활용되고 있다. 생선이 살아 있는 동안은 세포에서 이 ATP를 계속적으로 생산한다. 그러나 고기가 죽으면 세포에 효소도 영양도 공급되지 않게 된다. 따라서 이 ATP의 생산이 멈추게 되는 것이다.

그러면 이것이 세포 속에서 점차로 분해하게 된다. 이 ATP가 분해되면 아데노신 이인산(ADP)이란 화합물이 된다. 이것이 더욱 분해되면 아데노신 일인산(AMP)이 된다. 그리고 맛의 성분으로서 잘 알려져 있는 이노신산(inosinic acid ; 가다랭이 말림의 주요 맛성분으로 알려져 있다)이 생기고, 이것이 다시 분해되어 이노신(inosine)으로 되고, 다시 하이포잔틴(hypoxanthine)으로, 최종적으로는 요산이 된다. 따라서 ATP가 어디까지 분해되어 있는가를 조사하면 생선의 신선도를 화학적으로 정확하게 알 수 있게 된다.

실제로는 ATP는 생선에서 바로 분해된다. 고기가 죽으면 처음에는 살이 약간 딱딱해진다. 전문적으로는 사후강직(死後硬直)이라고 하는데 일단 딱딱해졌다가 이것이 부드럽게 될 때가 먹기에는 가장 좋다고 한다. 실제로 우리가 고기를 먹게 되는 것은 적어도 잡은 지 하루 이상이 지난 다음이다.

이때쯤 되면 ATP, ADP, AMP는 거의 어육에서 사라지고 이노신산으로 되어 있다. 실제로 이노신산은 고기가 죽은 지 10~24시간 정도에서 증가한다. 그 다음에 이것은 이노신, 하이포잔틴, 요산으로 분해되어 간다.

이노신산이 많을 때에는 고기의 신선도는 아직 좋은 편이나, 이것이 이노신이 되고 다시 분해되어 하이포잔틴이 증가하면 실제로 고기의 신선도는 떨어진다. 따라서 이 세 가지를 측정하여 신선도를 알아낼 수가 있다. 이것이 선도 시험지의 원리이다. 즉 이노신산을 이노신으로 분해하는 효소와 이노신을 하이포잔틴으로 분해하는 효소 그리고 하이포잔틴을 산화하는 효소, 이 세 가지의 효소를 조합하면 신선도를 알 수 있는 것이다. 그렇게까지 엄밀하지 않아도 하이포잔틴의 양을 조사하는 것만으로도 대체적인 신선도는 알 수 있다.

구체적으로는 어떻게 생선의 신선도를 확인하는가 하면 시험지를 준비하고, 고기의 살은 적당히 잘라내어 부속품으로 첨부되어 있는 액체 속에 넣고 이긴다. 이 액체는 특별한 의미는 없고 물을 중화시키기 위한 액체이다. 이 액체에는 증류수와 여러 가지 염류가 첨가되어 있어 물의 수소이온농도가 쉽

물이 좋은 생선, 한물 간 생선

게 변하지 않도록 되어 있다. 이것을 물의 완충용액(buffer solution)이라고 한다.

그렇게 하면 고기 속의 성분이 물 속에 용출된다. 이것을 시험지에 발라 10분 정도 방치해 두면 시험지는 점점 핑크색으로 변한다.

이 색이 왜 생기는가 하면 효소반응에 의해 하이포잔틴이 산화되어 요산으로 변하기 때문이다. 이 반응을 진행시키는 잔틴 옥시다아제(xanthine oxidase)라는 효소가 있다. 이 효소가 작용하면 과산화수소가 방출된다. 이 화합물에 대해서는 이미 설명하였는데 방출되는 과산화수소를 여러 가지 색소와 조합하면 반응에 의해 색이 나타난다. 색이 진하다는 것은 하이포잔틴의 농도가 높다는 것이다. 그것은 생선의 신선도가 떨어졌다는 것을 의미한다. 물론 색이 나타나지 않으면 하이포잔틴의 양이 적으므로 아직 신선하다고 할 수 있다.

실제로 가장 간단한 선도 시험지의 경우, 잔틴옥시다아제만을 종이에 부착시키고 앞에서 설명한 것과 동일하게 고기를 추출한 액과 접촉시키면 신선도를 알아낼 수가 있다.

사도꼬 씨는 설명서를 읽으면서 실제로 이 시험지를 고기를 이긴 액체 속에 넣어 보았다. 그리고 시험지를 잠시동안 방치하였더니 핑크색으로 변하였다. 시험지상자에 붙어 있는 색 견본과 이 시험지의 색을 비교하였더니 이 색으로는 신선도 10이라는 것을 알았다. 신선도 값이 10이라는 것은 아직 신선하니 충분히 날로 먹을 수 있다는 것을 뜻한다.

사도꼬 씨는 참 편리한 것도 있다고 감탄하였다. 이러한 것이 있으면 생선을 맛있게 먹을 수 있다. 세 가지 효소를 사용하면 더욱 정확하게 신선도를 알아낼 수 있다. 또한 그러한 시험지도 있다고 한다. 병원에서 여러 가지로 효소의 초능력에 대해 설명을 들은 사도꼬 씨였으나 가정에서도 다양한 곳에 효소의 파워가 응용될 수 있게 되었다는 느낌을 받았다.

신선도를 지키는 효소, 신선도를 낮추는 효소

한편, 신선도를 유지하는 데에도 효소의 초능력이 사용되고 있다. 글루코오스는 여러 가지 것에 함유되어 있다. 물론, 육류

나 생선에도 함유되어 있다. 이 글루코오스는 매우 반응성이
높고 또한 부패균의 좋은 영양원이기도 하다. 따라서 어육 내
의 글루코오스를 제거하는 것은 바람직한 일이다.

글루코오스는 여러 아미노산과 반응하여 메라아드 반응이란
반응을 일으킨다. 이것은 갈색으로 색이 변하는 반응이다. 따
라서 식품의 색이 변하거나 맛이 변하게 된다. 또한 식품 중에
있는 산소는 식품의 성분을 산화하는 작용을 한다. 한편 글루
코오스 옥시다아제를 반응시키면 글루코오스가 산화되어 글루
콘산(gluconic acid)이 생긴다. 이때 산소가 반응에 사용되므
로 식품 중의 산소를 제거할 수 있다. 게다가 글루코오스도 마
찬가지로 제거된다. 이처럼 글루코오스 옥시다아제가 식품의
보존에 사용되고 있다. 물론 글루코오스 옥시다아제는 식품
중에 글루코오스가 어느 정도 함유되었는가를 조사하기 위해
서도 쓰인다.

실제로 글루코오스 옥시다아제를 사용한 글루코오스의 분석
키트가 판매되고 있는데, 액상으로 된 글루코오스 옥시다아제
와 시료를 혼합하면 색이 나타나게 되어 이것으로 글루코오스
의 양을 조사할 수 있다.

앞에서 선도 시험지의 이야기를 하였는데, 그것과 같은 원
리로 글루코오스 양을 시험지 같은 것으로 측정할 수 있다.

또한 사도꼬 씨가 병원에 갔을 때, 설명을 들은 바이오센서
에 글루코오스 옥시다아제를 응용하면 식품 중의 글루코오스
의 농도를 조사할 수도 있다. 바이오센서는 어떠한 식품에도
사용할 수 있으며 또한 매우 짧은 시간에 글루코오스를 측정

할 수도 있다.

식품의 성분을 분석하기 위해 다양한 바이오센서가 개발되어 있다. 식품산업에서는 이것을 사용하여 식품의 품질을 점검한다. 가령 알코올 옥시다아제(alcohol oxidase)라는 효소를 사용하면 에탄올을 측정하는 센서를 만들 수 있다. 또한 글리세롤 키나아제(glycerol kinase)나 글리세롤포스페이트 옥시다아제(glycerolphosphate oxidase)란 효소를 사용하면 글리세린(glycerin)이란 고급알코올을 측정할 수 있다.

설탕의 농도를 측정하기 위해서는 두 종류의 효소가 있는 센서가 사용된다. 즉 β-프룩토시다아제(β-fructosidase)라는 효소와 글루코오스 옥시다아제라는 효소를 조합하여 설탕을 측정한다. 또한 β-갈락토시다아제(β-galactosidase)와 피라노스 옥시다아제(pyranose oxidase)를 사용하면 젖당을 측정할 수 있다. 락테이트 옥시다아제(lactate oxidase)를 사용하면 젖산을 측정할 수 있고, L-아스코르브산 옥시다아제(L-ascorbate oxidase)를 사용하면 아스코르브산, 즉 비타민 C를 측정할 수 있다. 각종 아미노산 옥시다아제(amino acid oxidase)를 사용하면 아미노산을 측정하는 센서를 제작할 수 있다. 이처럼 센서는 여러 회사에서 식품분석용으로 개발하여 현재 판매하고 있다.

일본만이 아니라 미국의 옐로우 스프링사는 여러 가지 센서를 개발하고 있다. 글루코오스, 에탄올, 서당, 젖당, 젖산, 녹말 등을 측정하는 센서를 생화학 분석기(biochemistry analyzer)라 하여 발매하고 있다. 이처럼 식품성분을 분석하기 위해

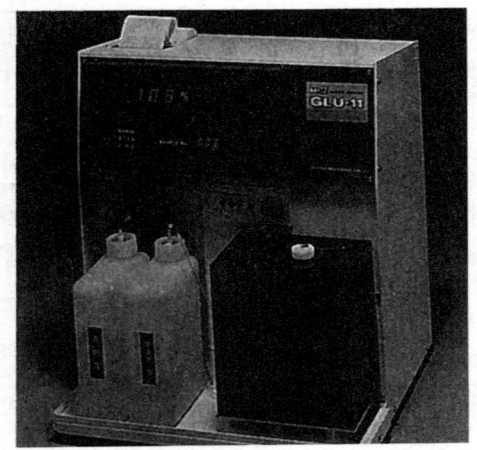

V-3 글루코오스를 측정하는 센서

서 바이오센서라고 하는 것이 사용되고 있다. 사도꼬 씨는 이러한 뉴스를 최근 신문에서 읽고 최근의 식품공업도 최첨단 기술을 받아들여 식품을 만들고 있다는 사실을 알고 감탄한 일이 있다.

그리고 사도꼬 씨는 냉장고 안쪽 구석에서 약간 냄새가 나는 생선을 꺼냈다. 이와 같이 냄새가 나는 것은 신선도를 조사할 필요가 없다고 생각하였다. 생선의 섞은 냄새의 주성분은 트리메틸아민(trimethylamine)이다. 그러면 이 트리메틸아민은 어떻게 생성되는 것일까. 생선이 부패하면 맛있는 성분이 변화하여 비린 맛으로 된다. 트리메틸아민 옥사이드(trimethylamine oxide)란 화합물이 환원효소에 의해 환원되어 트리메틸아민이 된다. 또한 트리메틸아민이 트리메틸아민 탈수소

효소(trimethylamine dehydrogenase)에 의해 디메틸아민(di-methylamine)으로 변해 고약한 냄새가 나게 된다. 생선 냄새에도 효소가 여러 가지 형태로 관여하고 있다는 것을 알았다.

식육을 연하게 하는 효소

오늘 저녁반찬으로는 커틀릿을 하려고 식육을 꺼냈다. 이 고기는 얼핏 보기에 아무런 변화도 없어 보이나 연하게 하기 위해 효소가 첨가되어 있다. 이것은 식육 연화제(meat tenderizer)라고 하는데 프로테아제를 중심으로 하여 식육을 연화시키는 효소가 팔리고 있다. 식육은 주로 동결에 의해 굳어지게 된다. 해외에서 수입되는 동결육은 해동하여도 굳어진 그대로이다. 여기에 효소를 첨가하면 효소의 작용으로 고기의 일부가 분해되어 연해진다. 특히 식육성분 중에서 질긴 원인을 이루고 있는 엘라스틴(elastin)은 파파인(papain) 등으로 그리고 콜라겐(collagen)은 파파인이나 브로멜라인(bromelain) 또는 사상균에서 추출한 프로테아제 등에 의해 분해된다.

파파인은 식육을 연화하는 효과가 매우 뛰어나므로 예로부터 파파야가 자라는 지방에서는 식육에 파파야를 집어넣었다고 한다. 어느 정도 시간이 경과하면 고기가 연해져 먹기 좋아지기 때문이다.

사도꼬 씨는 고기를 끄집어내고 파파인을 그 위에다 적당히 뿌렸다. 그리고 그것을 일정한 크기로 잘랐다. 한입에 먹을 수 있는 커틀릿을 만들려는 것이다. 다음에 고기에 첨가할 양파를 꺼냈다. 양파는 껍질을 벗기고 얇게 자르면 강한 냄새가 난다.

식육을 연하게 하는 효소

이 자극 냄새도 효소의 작용으로 나는 것이다. C−S 리아제 (C−S lyase)라는 효소가 그 범인이다. 이 효소의 작용 때문에 양파는 강한 냄새가 난다.

양파와 함께 표고버섯도 첨가하고자 생각했다. 이 표고버섯에도 역시 냄새를 나게 하는 C−S 리아제가 작용하고 있다. 한편, 식육에 미리 마늘을 다져 섞으면 놓으면 커틀릿의 맛이 좋아진다. 이것도 효소가 작용하기 때문이다. 마늘에 작용하여 냄새를 내는 효소는 아리이나아제(alliinase)라 불리며 마늘 냄새의 근원이 되는 화합물에 이 효소가 작용하여 강력한 냄새를 내게 된다. 이 냄새를 내는 물질을 티올 술피네이트(thi-ol sulfinate)라 불린다.

커틀릿용 고기를 빵가루에 넣고 가열된 기름 속에 집어넣으면 '직' 하고 소리를 내며 커틀릿이 완성된다. 이것을 접시에 담고 표고버섯이나 양파를 데친 것을 첨가하면 훌륭한 요리가 된다.

누룩의 파워

사도꼬 씨는 이 밖에도 저녁식사용으로 여러 가지 반찬을 만들 예정이다. 그 하나가 된장국이다. 된장은 누룩을 사용하여 발효시킨 것인데 이때 단백질을 분해하는 프로테아제가 사용된다. 또한 된장과 함께 조미료로 사용되는 간장도 콩으로 만드는 대표적인 발효식품이다. 이때에도 발효를 돕기 위해서 프로테아제가 사용된다.

먼저 쌀, 보리, 콩 등을 원료로 하여 술을 만드는 것과 동일하게 누룩균 아스페르질루스 오리제(*Aspergillus oryzae*)를 사용하여 누룩을 만들고, 그런 다음 이 누룩으로 찐 콩을 소금, 효모균 등과 혼합하여 숙성시킨 것이 된장이다. 즉 누룩균에 의해 생산되는 아밀라아제류에 의해 녹말이 당화되어 글루코오스 등이 되고 이것이 효모에 의해 발효되어 된장이 된다. 간장의 경우도 마찬가지로 콩과 밀의 혼합물에 누룩균을 섞어 발효시킨다. 간장의 경우는 아스페르질루스 오리제가 아니고 아스페르질루스 소오야라는 균을 첨가한다. 그것에 소금, 젖산균, 효모를 첨가하여 우선 '거르지 않은 간장'을 만든다. 그것

V-4 전쟁 전의 간장 만들기(1939년)

을 숙성시키면 간장이 된다. 실제로 간장의 풍미는 첨가한 효모가 생산한 알코올, 글리세롤, 아미노산이나 유기물에 의해 만들어지는 맛이다.

이와 같이 된장이나 간장을 만들기 위해서 효소가 사용되고 있다. 사도꼬 씨는 발효식품이란 것은 효소작용을 적절하게 이용하고 있는 것이라고 생각하면서 열심히 요리를 하였다.

아토피(atopy)의 원인을 제거하는 효소도 있다

구니오는 최근에 알레르기 증세가 가끔 나타나므로 이 알레르기의 원인이 될 만한 단백질을 프로테아제로 제거한 저알레르겐쌀이란 것을 사용하고 있다. 저알레르겐쌀은 맛있는 쌀인데 이것을 먹으면 알레르기가 생기지 않는다.

Ⅴ-5 글로불린을 제거한 저알레르겐쌀(위)과 보통의 쌀(아래)

아토피(atopy)의 증세로 고생하는 사람이 최근 늘어나고 있는데 이것도 역시 현대병으로 여겨지고 있다. 예를 들면 아토피성 피부염 원인의 하나로 되어 있는 것이 쌀알레르기이다. 구니오의 경우는 별로 심하지 않으나 이 쌀 속에 포함되어 있는 알레르기의 원인물질, 알레르겐(allergen)은 단백질의 일종인 글로불린(globulin)으로 알려져 있다.

증상이 심한 환자의 경우는 매일 먹는 쌀이나 밀에서 이 글로불린을 제거한 식사요법을 장기간에 걸쳐 계속해야만 한다고 한다. 이러한 환자를 위해 저알레르겐쌀이 판매되고 있다.

사도꼬 씨는 반드시 매일 저알레르겐쌀을 사용하고 있지는 않지만 가끔 이것을 혼합하여 아토피성의 피부염이 악화되지 않도록 신경쓰고 있다.

효소로 만들면 지구 오염도 막는다

요리를 하고 나면 많은 쓰레기가 생긴다. 야채 찌꺼기, 빵 부스러기 등의 쓰레기가 생기는데 사도꼬 씨는 이러한 쓰레기를 넣기 위한 주머니로서 지구환경에 해를 끼치지 않는 생분해성 플라스틱을 쓰고 있다. 최근 큰 슈퍼마켓에서 공해방지 산업의 일환으로 생분해성 쓰레기주머니를 팔고 있다.

이 생분해성 쓰레기주머니란 것은 녹말을 주원료로 한 것으로 부재료로서 생분해성 합성폴리머가 첨가되어 만들어지고 있다. 이 쓰레기주머니는 미생물의 작용으로 물과 탄산가스로 분해된다. 이러한 '공해 줄이기 제품'은 플라스틱 클립, 병, 골프공, 아이들 장난감의 총알 등의 용도로 사용되어 상품화되고 있다. 이 생분해성 플라스틱에 쓰레기를 재빠르게 집어넣고 나서 요리한 음식물을 식탁에 차렸다. 구니오도 놀이터에서 돌아왔고 요시오 씨도 귀가하여 모두가 텔레비전을 보거나 석간신문을 읽고 있다.

요시오 씨가 보고 있는 신문을 만들기 위해서도 효소가 쓰이고 있다. 종이를 제조할 때 표면을 처리하기 위해서는 덱스트린(dextrin)이 사용된다. 이 덱스트린은 녹말을 α-아밀라아제(α-amylase)로 분해해서 만든다.

술을 만드는 효소

식사시간이 가까워지자 가족 모두 식전에 술을 들었다. 이와오 씨는 청주를 좋아한다. 각 지방의 청주를 수집하여 그것을 음미하는 것이 일상의 즐거움 중의 하나이다. 청주를 양조할 때 효모가 사용된다는 것은 잘 알려져 있다. 구체적으로는 아스페르질루스 오리제라는 누룩균과 사카로미세스 세레비시에(*Saccharomyces cerevisiae* ; 맥주효모)라는 두 가지 미생물을 이용하여 청주를 만든다.

그러면 청주는 어떻게 만들어지는 것일까. 우선 현미를 정미하여 백미로 한다. 이때 백미를 40~60% 깎으면 최근 '다이긴죠오'라고 불리는 매우 방향성이 뛰어난 술을 만들 수 있다. 다음 단계는 백미를 물로 씻는 일인데 충분하게 씻은 백미를 쪄서 누룩균을 산포(散布)한다. 이렇게 해서 만든 누룩과 쌀에 효모를 첨가하여 발효시켜 거르지 않은 술로 만든다. 이것을 짠 액체가 청주로 되는 것이다.

이때 작용하는 효소는 쌀 누룩의 주된 균체외효소이며 그 대부분은 가수분해효소이다. 원료인 찐 쌀을 분해하는 것과 효모나 젖산균의 균체내효소로 각종 발효를 하는 것으로 대별된다. 따라서 청주 양조에는 누룩의 효소활성 증대나 대체(代替)로서 효소를 사용하는 경우가 많다. 이처럼 효소는 청주를 만드는 데 있어 매우 중요한 역할을 다하고 있다.

한편 요시오 씨는 맥주를 좋아한다. 맥주는 보리를 발아시킨 맥아에 호프를 첨가하고 다시 그것에 보리, 옥수수 등의 부원료를 첨가하여 발효시킨 알코올성 음료이다. 이 맥아는 보리를 물에 담궈서 발아, 건조시켜 맥아의 생장을 멈추게 함과 동시에 향미를 첨가한 것이다.

이 과정에서 맥아에는 아밀라아제나 포로테아제 등의 효소가 생성된다. 이런 효소는 실제로 발효 원료를 분해하고 용해시켜 발효성의 당을 만들거나 덱스트린, 아미노산, 펩티드 등을 생성하는 작용을 한다. 실제로 맥주를 양조하는 데는 β-글루카나아제(β-glucanase), α-아밀라아제, 글루코아밀라아제(glucoamylase)나 프로테아제 등이 쓰인다. 또한 제품맥주의 냉각 저장 중에 변성단백질 등이 침전하는 것을 막기 위해 파파인 등의 프로테아제가 첨가되는 경우도 있다. 이처럼 맥주를 만드는 데 있어서도 효소는 매우 중요한 작용을 하는 것이다.

한편, 사도꼬 씨는 와인을 즐긴다. 와인은 특히 일본에서는 젊은층에게 인기가 있는 음료이다. 와인은 포도를 발효시킨 것이다. 실제로는 포도를 따서 그 과즙액을 그대로 방치하여도 발효되어 포도주가 된다. 이것은 포도과실의 표면에 대량의 효모가 부착되어 있기 때문이며 그 효모에 의해 발효가 진행되는 것이다. 그러나 유해균도 혼입될 염려가 있으므로 보통은 아황산을 가하여 유해균을 살균하고, 다음에 이 아황산에 대해 저항성이 있는 우량한 배양효모를 첨가하여 발효시킨다.

포도과즙액은 직접 효모에 의해 발효를 하게 되는 셈이다. 포도주의 양조에서 이용되는 주요한 효소는 효모의 효소류이다. 그 이외에 과실을 펙티나아제로 처리하면 과실에 함유된

Ⅴ－6 청주의 제조풍경(1950년)

펙틴에 의한 저항이 약해져 과즙이 만들어지기 쉬워진다는 것이 알려져 있다.

사도꼬 씨는 포트 와인(port wine)을 매일, 식전주로서 한 잔 마시는 습관이 있다. 이 포토 와인은 식전주로서 알려져 있는 것으로 이른바 단맛이 있는 와인이다.

효소가 맛의 성분을 만든다

각자가 식탁에 자리잡고 좋아하는 식전주를 마시면서 잡담을 하였다. 술안주에는 커틀릿이 안성맞춤이다. 이 커틀릿에 소스와 겨자를 쳐서 먹는 것이 가장 맛이 있다. 겨자의 매운 성분의 생성에도 효소의 초능력이 작용하고 있다. 이때 작용하는 효소는 미로시나아제(myrosinase)라고 불리며 겨자 성분인 시니그린(sinigrin)이란 것을 분해하여 겨자기름인 아릴이소티오시아네이트(arylisothiocyanate)라는 것을 생성한다. 시니그린(sinigrin)은 겨자 외에 와사비, 무우 등에 있는 성분이며 실제로는 이것이 가수분해되어 매운 맛과 향기가 생긴다.

식탁 위에는 절인 야채가 놓여 있다. 절인 야채에는 조미료가 쳐져 있다. 조미료로는 글루탐산과 이노신산, 구아닐산(guanylic acid)이 쓰인다. 특히 글루탐산은 다시마의 맛성분이고 이노신산은 가다랭이 말림의 맛성분이다.

글루탐산은 아미노산의 맛성분이고 이노신산은 핵산계의 맛성분이다. 이 핵산계의 맛성분으로 그 밖에도 표고버섯의 맛성분의 하나인 구아닐산이 있다. 이노신산이나 구아닐산을 만들기 위해서도 효소가 사용되고 있다. 그것은 효모균체를 배양하여 추출한 RNA를 효소로 분해한 것이다. RNA의 분해에 사용되는 효소는 5′-포스포디에스테라아제(5′-phosphodiesterase)이며 이것은 공업적으로 페니실륨(*Penicillium*)이란 푸른곰팡이를 배양하여 만든다. RNA를 분해하면 5′-아데닐산(5′-adenylic acid)과 5′-구아닐산(5′-guanylic acid)이 생성되므로, 5′-아데닐산에 디아미나아제(deaminase)라는 효소를 병용시켜 아미노기를 떼어내면 5′-이노신산(5′-inosinic acid)이 된다.

이처럼 2개의 효소를 적절히 조합하여 사용하면 RNA에서 구아닐산과 이노신산을 만들 수 있다. 실제로는 바이오리액터를 사용하여 효율적으로 이와 같은 화합물을 만들고 있다.

또한 글루탐산소다는 발효법에 의해 대량으로 생산된다. 글루탐산소다와 이노신산을 혼합하면 맛에서 상승적 효과를 발휘한다는 사실이 알려져 있다. 따라서 이 두 가지를 혼합한 것은 복합조미료로서 가공식품용이나 식탁에서 널리 쓰이고 있다. 실제로 글루탐산소다에 대해 이노신산 5%를 첨가하면 첨가하지 않는 경우에 비해 맛은 5배 이상으로 상승한다고 한다. 식탁 위에 있는 절인 야채에도 이 복합조미료가 뿌려져 있다.

시오자와 일가는 오늘 있었던 일을 서로 이야기하면서 즐거운 식사를 하였다. 물론 음식물이 몸 속으로 들어가면 그것은 각종 효소에 의해 분해되고 흡수되어 우리들의 몸을 이루거나 우리들이 활동하기 위한 에너지로 만들어지는 것이다.

몸 속에 이러한 효소의 작용이 없으면 우리들은 살아갈 수가 없다. 또한 즐기면서 식사하는 것이 소화, 흡수에는 매우 중요하며 최종적으로는 건강상태에 커다란 영향을 미친다. 시호자와 일가는 매일 1시간 이상 모두가 모여 즐거운 식사를 하도록 노력하고 있다.

건강한 하루는 효소가 지킨다

식사 후에 텔레비전을 보면서 또 잡담을 나누었다. 밤 9시쯤 되어 각자는 목욕을 하여 몸을 씻고 따뜻하게 하였다. 목욕은 이와오 씨가 제일 먼저 한다.

이와오 씨는 욕실에 들어가면 여느 때의 습관대로 목욕탕에 있는 몇 가지 세제를 꺼내어 그 중의 하나를 욕탕에 넣고 목

욕을 즐긴다. 최근 여러 회사에서 다양한 세제를 팔기 시작하
였다. 이러한 세제에는 피부관리를 위한 효소가 배합되어 있
다. 특히 프로테아제를 배합한 제품이 많이 생산되고 있으며,
피부의 때를 제거하거나 땀띠를 치료하거나 피부를 윤기나게
하는 작용을 한다. 여러 회사에서 많은 제품을 현재 목욕세제
로서 판매하고 있으나 이런 것 중에는 주로 프로테아제가 함
유되어 있다. 온 가족이 차례로 목욕이 끝나면 각자는 모두 이
를 닦는다. 이때에도 아침에 쓴 효소가 들어 있는 치약을 사용
한다.

　이와오 씨는 다카디아스타아제 등의 효소가 들어 있는 정장
제를 먹었다. 위의 상태가 별로 좋지 않을 뿐 아니라 약간 설
사끼가 있으므로 페니실린 아실라아제(penicillin acylase)라
는 효소로 만들어진 페니실린계의 항생물질을 의사로부터 받
은 것이 있으므로 그것을 먹었다.

　요시오 씨는 위가 좀 약한데 오늘은 특히 맥주를 과음한 감
이 있으므로 다카디아스타아제가 함유된 위장약을 먹었다.

　구니오는 감기기운 때문에 콧물이 나서 감기약을 먹었다.
그 속에는 리소짐이란 효소가 함유되어 있다.

　이와오 씨는 틀니 청소를 하는 것이 매일의 일과이다. 세척
제인 큰 알맹이를 컵 속에 넣고, 틀니를 빼어 잠시동안 세척제
가 들어간 컵 속에 넣어 두면 깨끗해진다. 이 틀니 세척제 속
에도 효소가 들어 있다. 이 효소는 프로테아제이며 틀니에 부
착된 단백질의 더러운 것을 깨끗하게 제거한다.

2000개 이상의 효소가 몸 속에서 작용하고 있다.

이처럼 효소는 위장약, 정장제, 감기약 등에 함유되어 있으며 또한 항생물질을 만들기 위해서는 페니실린 아실라아제 등의 효소가 사용되고 있다.

이제 모두가 각자 방으로 가 침대에 누워 잠들면 하루의 생

활이 끝난다. 이처럼 아침부터 밤까지 우리들은 수많은 효소
와 만나며 효소의 초능력에 의해 생활하고 있다. 더욱이 우리
들이 살아나가기 위해서는 몸 속에서 2000개 이상의 효소가
쉴새없이 작용하고 있는 것이다. 이러한 효소의 초능력에 의
해 우리들은 건강한 하루를 보낼 수 있는 것이다. 각자 모두는
효소에 감사하면서 잠자리에 들었다.

VI
효소가 미래를 변화시킨다

효소의 순도

지금까지 시호자와 일가의 하룻동안의 생활 속에서 효소가 어떻게 이용되고 있는가에 대해 이야기하였다. 이처럼 효소는 우리들의 생활 속에 깊숙이 관련되고 있으며 여러 곳에서 우리들은 효소와 만나고 있는 셈이다. 이 장에서는 이 효소의 초능력이 앞으로 어떻게 응용되고 그에 따라 우리들의 생활이 장래 어떻게 바뀌어 나갈 것인가를 생각해 보기로 하자.

지금 우리들이 이용하고 있는 효소는 주로 미생물에서 얻어지는 것이다. 모든 생물은 효소를 갖고 있다. 바꾸어 말하면 모든 생물에서 효소를 추출할 수가 있다. 그러나 쉽게 생육시킬 수 있으며 또한 대량배양할 수 있는 미생물에서 효소를 추출하는 것이 가장 경제적이다.

미생물에서 원하는 효소를 추출하고 분리한다(다른 불순물이 함유되어 있지 않은 상태로 하는 것을 정제(精製)라 한다). 물론 효소의 용도에 따라서는 이물질(異物質)이 포함된 상태로 효소를 상품화하는 경우도 많다. 그러나 효소를 의학적으로 응용하는 경우에는 매우 순수하게 효소를 정제하여야 한다. 그러기 위해서는 크로마토그래피(chromatography ; 분자의 크기와 성질에 따라 화합물을 분리하는 장치) 등을 사용하여 하나하나의 효소를 분리, 정제할 필요가 있다.

이러한 복잡한 정제를 거치기 때문에 당연히 효소 그 자체의 가격이 높아진다. 세제의 용도로 효소를 쓸 경우에는 반드시 순도가 높은 효소가 필요한 것은 아니다. 이처럼 제품의 종류 혹은 용도에 따라 효소제품의 제조법을 달리하고 있다.

효소를 개량하는 기술

그러면 효소의 안정성에 대해서 잠시 생각해 보기로 하자. 대부분의 효소가 미생물에서 분리, 정제된다는 것은 이미 설명하였으나 이러한 미생물은 거의 상온에서 생육하는 세균이나 곰팡이다. 즉 30℃ 전후에서 미생물을 증식시키고 이것에서 효소를 분리, 정제한다. 따라서 정제된 효소의 성질도 30℃ 정도에서 가장 잘 작용한다.

한편, 세제용 효소는 고온에서 사용할 때도 많다. 가령 미국에서는 더운 물을 사용하여 세탁하는 것이 상식으로 되어 있다. 이렇게 고온에서 효소를 사용할 것을 고려하면 상온의 세균에서 분리한 효소로는 곧 활성을 상실하여 작용하지 못하게 된다. 그러나 미생물 중에는 고온에서 자라고 있는 것도 있다. 예를 들면 밭에 쌓여 있는 짚 등의 퇴비 속이나 온천물 속에서 자라는 미생물 등이다.

또한 화산지대의 고온의 흙 속에서도 호열성(好熱性)의 미생물을 분리할 수 있다. 이러한 호열성 미생물에서 효소를 분리하면 고온에 견딜 수 있는 것을 얻을 수 있다. 이러한 호열성 미생물에서 추출한 효소, 즉 내열성 효소를 사용하면 고온에서 사용할 수 있다.

또한 일반적으로 세제는 알칼리성이므로 이러한 과혹한 조건에서도 효소는 활성을 유지하여야 한다. 따라서 이런 목적에 알맞은 효소를 찾는 방법—스크리닝(screening)이라 한다—으로 미생물을 찾아내면 고온과 알칼리에서 안정한 효소를 얻을 수 있다.

또한 일반적으로 호열성 미생물에서 분리한 효소는 상온 미생물에서 분리한 효소보다 안정하다. 따라서 이것을 상온에서도 사용할 수 있다. 그러나 반드시 호열성의 미생물이 모든 효소를 효율적으로 생산한다고는 할 수 없다. 일반적으로 어떤 효소를 대량으로 생산하지 않으면 그 미생물은 효소 제조에 사용할 수 없다.

별로 생산되지 않는 효소를 분리, 정제한다는 것은 매우 곤란하다. 그러므로 호열성 미생물에서 분리되는 효소의 종류에는 한정이 있는 셈이다.

한편, 단백질공학이란 새로운 기술이 개발되었다. 이것은 유전자의 염기배열을 바꾸어 아미노산을 바꾸고 열에 안정한 효소를 인공적으로 만드는 기술이다.

호열성 세균에서 분리된 내열성 효소와 통상의 상온 세균에서 분리된 효소를 비교하면 몇 군데의 아미노산만이 다를 뿐이다. 우리들이 몇 군데의 아미노산을 유전자공학을 이용하여 바꾼다면 상온 효소를 내열성 효소로 변환할 수 있다. 그렇다고 아미노산을 무작위로 바꾸어서는 노력에 비해 실효를 얻지 못하는 결과가 되고 만다.

따라서 가능한 한 예측을 하여 아미노산을 변환할 필요가 있다. 그러기 위해서는 단백질의 구조와 기능에 대한 해석을 하여야 한다. 단백질의 기능은 생화학적인 방법에 의해 여러 가지로 조사할 수 있다. 또한 단백질의 구조는 X선 회절, NMR 혹은 다른 물리화학적 수단으로 그 구조를 밝힐 수 있다. 이미 수백 종류의 단백질은 X선 회절에 의해 결정구조가

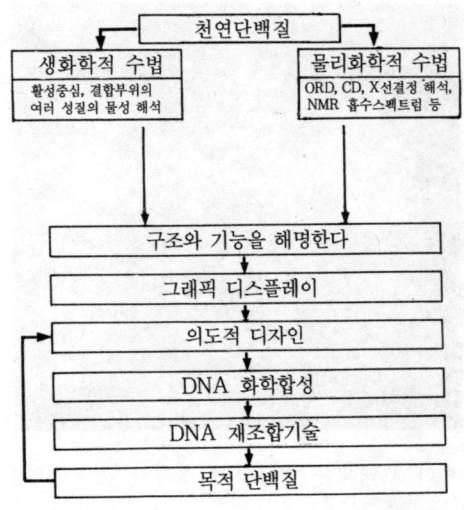

```
          ┌─────────────────┐
     ┌────│    천연단백질     │────┐
     ↓    └─────────────────┘    ↓
┌──────────────┐          ┌──────────────────┐
│  생화학적 수법  │          │  물리화학적 수법    │
│ 활성중심, 결합부위의│          │ ORD, CD, X선결정 해석, │
│ 여러 성질의 물성 해석│          │ NMR 흡수스펙트럼 등   │
└──────────────┘          └──────────────────┘
        │                          │
        ↓                          ↓
      ┌──────────────────────────────┐
      │      구조와 기능을 해명한다        │
      ├──────────────────────────────┤
      │        그래픽 디스플레이          │
      ├──────────────────────────────┤
  →  │         의도적 디자인           │
      ├──────────────────────────────┤
      │         DNA 화학합성           │
      ├──────────────────────────────┤
      │        DNA 재조합기술           │
      ├──────────────────────────────┤
      │          목적 단백질            │
      └──────────────────────────────┘
```

Ⅵ-1 단백질공학의 절차

해명되어 있다.

이러한 구조에 관한 자료와 생화학적 기능 및 물리적 기능
에 관한 자료를 집적하면 컴퓨터를 사용하여 구조를 나타낼
수 있다. 이 구조를 컴퓨터 시뮬레이션(computer simulation)
으로 해석하면 단백질의 3차 구조, 4차 구조를 실제로 컴퓨터
화상으로 볼 수 있게 된다. 이 컴퓨터 시뮬레이션을 대대적으
로 활용하여 내열성의 효소를 설계, 합성하는 것도 가능하다
고 생각된다.

이미 상온 세균에서 분리한 효소와 호열성 미생물에서 분리
한 효소를 비교 검토하면 어떠한 구조가 열 안정성에 기여하
고 있는가를 대략적으로 예측할 수도 있다. 이러한 생화학적

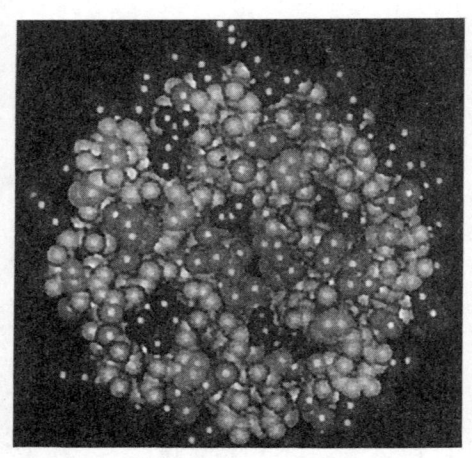

Ⅵ-2 컴퓨터 그래픽을 이용하여 설계한 인공단백질. 이케하
라(池原森男) 蛋白工學硏究所 「化學, 45, 11, 42」에서

데이터 베이스(data base)를 활용하여 컴퓨터 상에서 어느
아미노산을 바꾸면 내열성을 향상시킬 수 있는가를 예측할 수
있다.

이 예측에 기초하여 그 효소의 유전자 일부의 염기배열을
바꾼다. 이미 DNA를 합성하는 DNA 합성기가 판매되고 있
으므로 임의로 염기배열의 DNA를 합성하는 것은 가능해졌
다. 따라서 변환하고 싶은 아미노산 부문의 DNA를 합성하고
이것을 천연단백질의 DNA 일부와 교환하는 것이 가능하다.
즉 효소 유전자 일부의 DNA 염기배열을 인공적으로 합성한
DNA와 재조합한다.

이때 유전자를 절단하는 데는 제한효소를 사용하며 또한 유
전자를 연결하는 리가아제(ligase)라는 풀에 해당하는 효소가

효소개조계획

사용된다. 이처럼 염기배열은 재조합한 DNA를 플라스미드
(plasmid)라고 불리는 유전자의 운반체 DNA－vector라 한
다－에 삽입하여 그 효소를 생산할 미생물에 이 유전자를 도
입한다. 미생물은 유전자의 일부가 재조합되어 있음에도 불구
하고 효소를 균체내에서 생산한다. 유전자공학적 방법을 사용
하면 생산된 효소를 균체외로 분비시키는 것도 가능하다. 이
렇게 하여 아미노산을 일부 바꾼 단백질을 추출, 정제할 수가
있다.

　이 단백질의 내열성을 조사하여 만일 이 단백질이 내열성을

획득하지 못했다면 다시 처음부터 시작한다. 다른 아미노산을
바꿔 보기도 한다. 이러한 방법을 몇 번이고 되풀이하여 우리
들이 기대하는 내열성 효소를 유전자 레벨에서 만들어 낼 수
있다. 이러한 기술을 단백질공학 혹은 프로테인 엔지니어링
(protein engineering)이라 부르며 현재 개발이 진행되고 있
다. 이 기술을 사용하면 단백질의 구조와 기능을 바꾸는 것이
가능하다. 효소에 관한 여러 가지 구조와 기능에 대한 데이터
베이스가 축적되면 더욱 단백질공학은 유효하게 될 것이다.

따라서 장래에는 상온에서만 활성을 나타내는 효소를 이 기
술을 사용하여 내열성 효소로 변환하는 것이 가능할 것으로
여겨진다. 또한 유전자재조합기술은 효소의 기질특이성을 바
꿀 수 있다. 즉 효소의 활성부위인 기질 결합부위를 바꾸어 기
질에 대한 반응성이나 분자인식기능을 유전자 레벨에서 단백
질공학을 이용하여 변환시키는 일이 가능해졌다.

바로 이 기술은 효소의 기능과 작용하는 상대를 마음대로
바꿀 수 있게 하리라 여겨진다. 효소는 제각기 나름대로의 상
대, 즉 특정의 기질(화학물질)을 엄밀히 인식하고 반응한다.
즉 하나의 효소는 하나의 접촉기능밖에 갖고 있지 않은 것이
일반적이지만 이러한 기능을 바꾸는 것도 가능하다. 2개의 효
소 유전자를 융합시켜 융합단백질을 만들면 하나의 단백질로
서 2개의 효소기능을 혹은 3개의 효소기능을 갖는 것을 만들
수 있게 되는 셈이다.

이러한 융합단백질을 만드는 것도 단백질공학으로 가능하
다. 따라서 몇 개의 효소반응을 걸쳐서 어떤 유용물질을 생산

할 수 있는 연쇄반응을 이용하는 경우에는 이 연쇄반응에 관여하는 효소의 유전자를 융합시켜 다수의 접촉기능을 갖는 효소를 만들 수 있다. 이러한 효소를 사용하면 하나의 효소로 다단계반응을 일으킬 수 있다. 즉 꿈의 바이오리액터를 실현하는 것이 가능하다고 여겨진다. 단백질공학은 그야말로 획기적인 기술이라고 말할 수 있다.

효소를 정제하는 기술

지금까지 효소의 기능을 개량할 경우의 단백질공학 응용에 대해서 이야기하였는데 나아가서 이 단백질공학은 효소를 분리, 정제하기 위해서도 사용할 수가 있다. 이미 설명했듯이 효소를 분리, 정제하기 위해서는 여러 가지의 분자 크기로 분획하거나 이온성을 이용하여 분리하는 크로마토그래피 기술이 유효하다.

만일 특정의 단백질과 특정의 관능기를 갖은 담체를 서로 생화학적 친화성을 이용하여 결합시킬 수 있다면 특정 단백질을 담체에 흡착시켜 다른 물질과 분리시킬 수 있다. 이러한 특수 크로마토그래피를 친화성 크로마토그래피(affinity chromatography)라 한다. 이 친화성 크로마토그래피는 특정의 단백질과 친화성을 나타내는 작용기를 갖는 담체 입자를 유리관 속에 충전한 것이다.

따라서 이 입자의 작용기와 특이적으로 반응하는 단백질을 이 유리관의 위에서 넣으면 여러 가지 것이 혼합되어 있더라도 그 단백질만 그 친화성 겔(affinity gel) 입자에 특이적으

로 결합한다. 다른 단백질은 작용기와 반응하지 않으므로 그
대로 밑으로 흘러나간다. 이렇게 해서 특정 단백질만을 생화
학적 상호작용을 이용하여 결합시킨다.

깨끗이 이 유리관을 씻어 속에 들어 있는 것을 전부 씻어낸
후, 이번에는 결합한 단백질을 염의 농도를 높이거나 하여 작
용기에서 제거시키면 특정의 단백질만을 분리하여 얻을 수 있
다. 그야말로 이상적인 단백질의 분리 방법이다. 만일 유전자
공학을 이용하여 이 특정 작용기와 반응할 수 있는 결합부위
를 단백질에 만들어 놓을 수 있다면 이 단백질은 특정 작용기
를 갖는 겔 입자와 생화학적으로 결합할 수 있게 될 것이다.

이렇게 생각하니 실제로 이 특이적인 작용기와 결합할 수
있는 단백질 부분을 유전자재조합기술로 도입할 수 있는 단백
질공학은 매우 유효한 방법이다. 이 원리를 적용하면 한번의
과정으로 단백질을 분리, 정제하는 것이 가능하다.

효소의 기능은 매우 뛰어나므로 이 기능을 화학공업 분야에
응용하는 것도 대단히 중요할 것이다. 특히 지구환경문제가
크게 대두되고 있는 현재, 에너지 절약으로 자원 절약을 하는
공정이 이상적이다. 이러한 공정에서는 생체반응을 적절하게
이용하는 것이 최선책일 것이다.

그러나 상온, 상압의 생체반응에서는 여러 가지 화학물질을
대량으로 생산해야 하는 화학공업 공정에 적합하지 않다. 즉
연간 몇 백 톤, 몇 천 톤이란 양의 화학제품을 만들어야 할 경
우에는 상온, 상압의 온화한 반응공정은 적절하지 않다.

빠르지 않으면 쓸모 없다.

그런데 온도가 10℃ 상승하면 반응속도는 거의 두 배가 된다는 것이 알려져 있다. 따라서 높은 온도에서 생체반응의 효율성을 갖는 인공효소를 개발할 수 있다면 화학공업 공정도 매우 효율적으로 될 것이다.

인공효소를 만든다
현재의 화학공업같이 수백 ℃, 수백 기압이란 과혹한 조건을 실현시키려면 극도로 많은 에너지를 필요로 한다. 이것은 환경에 대해서는 바람직스럽지 못한 결과를 초래할 것이다. 따라서 100℃나 150℃ 정도로서 매우 효율적인 반응을 진행시킬 수 있다면 지구환경에 별로 해를 끼치지 않는 화학공업 공정이라고 말할 수 있을 것이다. 효소는 겨우 80℃, 90℃ 정도의 온도가 최고이며 이 이상의 온도에서는 효소의 입체구조가 변화하여 초능력을 상실하고 만다.

천연단백질을 개변한다 해도 150℃에서 견딜 수 있는 효소를 만든다는 것은 불가능에 가깝다. 단백질 이외의 소재로 효소와 같은 기능을 갖는 인공효소를 만드는 방법밖에 없다.

이미 설명했듯이 단백질공학이 진전되고 있으며 이 기술로 효소의 구조와 기능에 대해서 점점 정보가 축적되고 있다. 따라서 효소의 기능이 어떠한 구조와 작용기로 발현하고 또한 분자인식이 어떠한 메커니즘으로서 이루어지는가를 안다면 아미노산 이외의 소재로 효소를 실제적으로 설계하는 것도 가능하다고 생각된다. 이러한 분야의 연구는 생체모방기술(biomimetic technology)이라 하여 아미노산 이외의 안정한 소재, 예를 들어 탄화수소 등을 사용하여 효소가 갖는 기능을 만들어 낼 수 있다.

이미 이러한 연구는 필자의 연구실에서도 시작되었다. 그것은 효소의 분자인식부분 혹은 활성중심부위를 '몰리큘러 인프린팅(molecular in printing)'이란 방법으로 인공적으로 만들려는 연구이다. 즉 효소의 활성중심부위의 구조를 합성고분자에 기억시키려는 것이다. 이렇게 만든 합성고분자를 사용하여 효소의 대용으로 하려는 방법이다.

물론 이 연구는 막 시작단계이며 현재 분자를 인식하는 기능을 합성고분자에 도입하는 연구가 계속되고 있다. 이러한 연구를 진전시킴으로써 골격은 합성고분자이고, 반응중심과 화학물질의 결합부위는 효소와 같은 반응기를 갖은 인공효소를 만드는 것이 가능할 것이다.

이러한 인공효소가 만들어진다면 이것을 화학공업 공정에 적용하여 여러 가지 화학제품을 인공효소를 사용한 바이오리액터로 효과적으로 생산할 수 있게 될 것이다. 물론 효소처럼 매우 선택적으로 화학제품을 만들 수 있고 거의 부생성물을 만들지 않게 될 것이다. 따라서 자원절약이 되고 또한 100℃ ~150℃ 정도의 온도로 반응을 진행시킬 수 있기 때문에 에너지 절약도 된다. 이것을 사용하면 각종 화학제품을 대량으로 생산할 수 있으므로 화학공업 공정에는 안성맞춤이라 할 수 있다.

이러한 공정은 지구환경에 적합한 공정이며 21세기 화학공업의 모습이다.

효소 파워가 환경을 지킨다

그러면 21세기의 과학기술과 관련되는 과제에 대해 생각을 해 보자. 이 과제의 하나가 환경문제이다. 이산화탄소의 증가에 따른 지구의 온난화나 프레온(freon) 등에 의한 오존층의 파괴 등의 큰 문제가 대두되고 있다. 그러면서 열대우림의 소실, 산성비의 문제, 사막화, 환경부하물질(環境負荷物質)의 축적 등 헤아릴 수 없을 정도로 많은 환경문제는 악화일로를 걷고 있다.

1992년 6월에는 '유엔 환경회의'가 브라질에서 열려, 이러

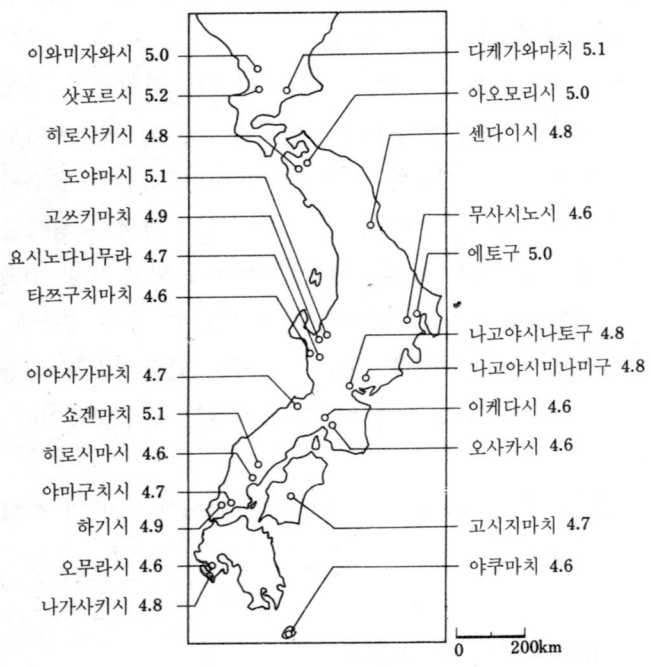

이와미자와시 5.0
삿포르시 5.2
히로사키시 4.8
도야마시 5.1
고쓰키마치 4.9
요시노다니무라 4.7
타쯔구치마치 4.6

이야사가마치 4.7
쇼겐마치 5.1
히로시마시 4.6.
야마구치시 4.7
하기시 4.9
오무라시 4.6
나가사키시 4.8

다케가와마치 5.1
아오모리시 5.0
센다이시 4.8

무사시노시 4.6
에토구 5.0

나고야시나토구 4.8
나고야시미나미구 4.8
이케다시 4.6
오사카시 4.6

고시지마치 4.7
야쿠마치 4.6

0   200km

1983년부터 환경청에서 실시한 전국 최초의 산성비에 의한 영향조사결과가 87년 9월에 발표되었다. 연평균 pH가 '4'인 곳이 많고, 이미 피해가 나타나고 있는 북미보다 약한 정도다. 바로 피해가 걱정될 정도는 아니라고 하지만 대륙으로부터의 영향도 있다고 보여져, 국경을 초월한 산성비 문제가 일본에서도 무시할 수 없는 상황에 처해졌음을 나타내고 있다.

VI-3 일본의 산성비 pH 분포. 환경청 조사, 1989년 8월 발표에 의함.

한 환경문제가 논의되었다. 또한 이 토론에서 선진국과 발전
도상국 간의 환경문제에 대한 사고의 차이도 문제로 나타났
다. 현재의 환경문제는 세계적인 문제이며, 30년 전에 생긴 공
해문제 같은 지역적인 문제와는 다르다. 어떤 의미에서는 정
치적인 국제문제로 보아도 좋을 것이다. 이러한 환경문제 속
에서 효소가 어떠한 역할을 하는가에 대하여 여기서 생각해
보기로 하자.

현재 문제가 되고 있는 것은 화석연료의 연소에 의해 생기
는 이산화탄소의 증가이다. 원래 이산화탄소는 식물의 광합성
에 이용되어, 적어도 산업혁명 이전까지는 이러한 이산화탄소
의 증가는 문제시되지 않았다. 그러나 산업혁명 후 대량의 화
석연료가 소비되고 있고 한편에서는 열대우림의 소실, 사막화,
산성비 등에 의해 지구 전체의 식물량이 줄고 있다.

따라서 이산화탄소가 증가하고 이것이 지구의 대기에 층을
이루어 체류함에 따라 지구가 온난화하게 되는 셈이다. 따라
서 이산화탄소를 증가시키지 않는 방법의 개발이 급선무이다.
이를 위해서는 우선 에너지 절약에 노력할 필요가 있다.

또한 에너지 대국인 미국, 러시아, 중국 등은 시민레벨에서
나 산업레벨에서나 에너지의 낭비가 많기 때문에 60% 이상
에너지절약이 가능하다는 시산(試算)도 있다. 그 시산에 의하
면 에너지를 수입에 의존하고 있는 일본에서는 이미 에너지
절약을 철저하게 시행하고 있어 앞으로 5~6%의 에너지 절
약이 한도라고 한다. 이와 같이 에너지를 절약함에 따라 화석
연료의 사용량을 줄이는 것이 가능하다. 이것은 결과적으로

이산화탄소의 발생량을 적게 한다.

또한 깨끗한 에너지인 태양에너지 등으로 대체함으로써 이산화탄소의 방출을 억제할 수도 있을 것이다. 또한 첨단기술을 이용하여 이산화탄소를 고정하여 이것을 다른 것으로 변환하는 방법도 있다. 예를 들어 화학적 방법으로 이산화탄소에서 메탄올을 제조하거나 혹은 생물화학적 방법을 이용하여 이산화탄소를 단백질 등 유용물질로 변환할 수도 있다.

현재 이러한 것들은 전부 정부의 프로젝트로서 개발연구가 진행되고 있다. 특히 생물화학적 방법으로 이산화탄소를 고정화하는 계획은 신세틱 리프(synthetic leaf : 인공잎)라 일컬어지는 신기술을 구사하여 식물의 기능을 능가하는 이산화탄소의 고정체계를 실현하려는 계획이다.

이 계획에는 필자의 연구실과 일본의 대표적인 기업 16개사가 참가하고 있다. 이 계획에서 가장 중요한 것은 효율적으로 이산화탄소를 고정하는 미생물을 찾아내는 일이다.

이 목적에 적합하다고 여겨지는 미생물은 녹조류나 남조류이다. 이러한 미생물 중에는 여러 가지 효소계가 작용하여 광합성이 이루어지고 있다. 특히 이산화탄소의 고정에서 중요한 역할을 하는 효소는 리불로오스비스포스페이트 카르복실라아제(ribulosebisphosphate carboxylase)라고 불리는 효소이다. 장래에는 이산화탄소의 고정에 관련하는 효소들에 대해 균체 내에서의 활성을 증대시킴으로써 현재의 조류(藻類)보다도 효과적으로 이산화탄소를 고정시킬 수 있을지도 모른다.

그렇게 되면 이산화탄소를 고정하는 시스템을 화력발전소의

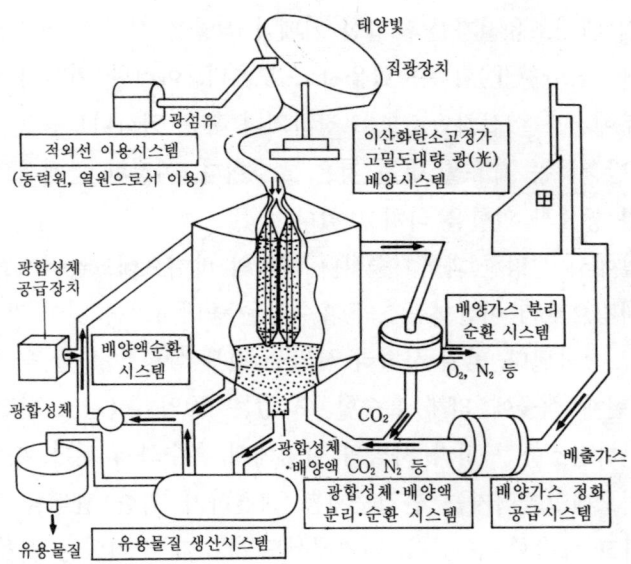

태양빛

집광장치

광섬유

적외선 이용시스템
(동력원, 열원으로서 이용)

이산화탄소고정가
고밀도대량 광(光)
배양시스템

광합성체
공급장치

배양가스 분리
순환 시스템

배양액순환
시스템

O_2, N_2 등

광합성체

CO_2

광합성체
·배양액 CO_2 N_2 등

배출가스

유용물질

유용물질 생산시스템

광합성체·배양액
분리·순환 시스템

배양가스 정화
공급시스템

Ⅵ-4 태양열 바이오리액터에 의한 이산화탄소의 고정화 공정

굴뚝 등에 달아, 여기에서 이산화탄소로부터 단백질 등의 유
용물질을 태양열 바이오리액터(solar bioreactor)를 이용하여
생산하는 것이 가능해진다. 만일 이러한 시스템이 실현되면
이산화탄소에서 식량을 생산할 수 있다고 생각된다. 한편, 산
호 등의 이산화탄소 고정기능을 이용한 산호 바이오리액터와
같은 시스템도 중요하게 될 것이다. 산호에서도 공생하는 조
류에 의해 광합성이 이루어져 이산화탄소가 고정된다.

또한 식물의 유전자를 개변함으로써 사막에서도 생육할 수
있는 키메라(chimera) 식물이 생겨날 것이다. 염화나트륨에
강한 홍수림(紅樹林)의 내염성유전자나, 건조에 강한 선인장

등의 내건조유전자를 도입한 키메라 식물을 사막에 심으면 사막을 녹화(綠化)할 수 있을지도 모른다. 이러한 키메라 식물 내부에서도 이산화탄소를 고정하거나 혹은 염화나트륨을 외부로 방출하는 작용을 하는 것은 효소이다. 이러한 곳에서도 효소가 중요한 역할을 다하고 있다.

앞에서 설명한 과학기술이나 식물의 바이오테크놀러지를 발전시킴으로써 이산화탄소의 흡수원을 증대시키는 것이 가능하다고 생각된다. 만일 사하라 사막을 전부 삼림으로 할 수 있다면 현재 식물에 의해 흡수할 수 없는 60억 톤(탄소 환산)의 이산화탄소를 사하라 사막의 삼림에서 흡수하게 된다. 따라서 바이오테크놀러지는 환경문제를 해결하기 위한 관건을 잡고 있다고 예측할 수 있다. 여기에서도 효소가 주역이란 것을 잊어서는 안된다.

고령화사회를 밝게 하는 효소 파워

21세기에 걸쳐서 두번째의 과제는 고령화 문제이다. 일본에서는 급속히 고령화를 맞이하고 있으며 2018년경에는 65세 이상의 인구가 전체의 25%에 달한다고 한다. 네 사람 중 한 사람이 65세 이상이란 시대를 맞이할 때도 그리 멀지 않았다. 이러한 고령화사회에서 효소는 여러 가지로 쓸모가 있는 것이다. 이미 이 책에서도 건강진단 등에 효소가 매우 중요하다는 것은 설명하였다.

특히 고령자가 늘어나면 고령자를 위한 식품이 필요하게 된다. 즉 영양가는 반드시 높지 않아도 되나 소화, 흡수가 잘되는 기능 식품이 필요하게 될 것이다. 이러한 기능성 식품을 만들기 위해서는 효소를 사용하는 바이오리액터가 유용하게 이용된다는 것은 말할 나위도 없다. 또한 효소반응을 적절하게 이용하여 흡수성이 높은 식품 소재를 만드는 것도 필요할 것이다. 나이가 들면 건강유지가 가장 중요할 것이다. 건강한 신체에 건전한 정신이 깃든다는 말이 있듯이 고령자가 행복한 생활을 하기 위해서는 우선 건강할 필요가 있다.

건강을 유지하기 위해서는 예방의학이 불가결하다. 예방의학을 철저히 하기 위해서는 신체상태를 검진할 필요가 있다. 고령자의 건강상태를 병원에서 매일 검진할 수는 없다. 이처럼 많은 고령자가 병원에 밀려오면 병원은 터질 지경에 이르게 될 것은 뻔한 일이다.

따라서 가정에서 건강상태를 검진할 필요가 있다. 그러나 건강상태를 검진하는 데 여러 가지 장치를 쓰게 하거나 복잡한 조작을 하게 하는 것은 고령자에게 있어서는 큰 문제이다. 따라서 간단하게 건강상태를 검진하는 방법을 고안하여야만 한다. 이미 설명한 바이오센서는 체액의 여러 가지 화학성분을 측정하여 이것으로 건강상태를 진단하는 것은 대단히 유용한 것이다. 만일 이 바이오센서를 화장실에 장치할 수 있다면 특별한 조작이 필요 없이 건강을 체크할 수 있다.

바이오센서는 요나 대변의 여러 가지 화학물질의 농도를 측정할 수 있다. 가령 아침에 화장실에 들어가 변기에 앉으면 자동적으로 바이오센서의 스위치가 켜져 자동적으로 대변의 각종 화학물질을 측정할 수 있다. 이것으로 측정할 수 있는 것으

효소가 건강을 체크한다.

로는 당, 단백질, 유로빌리노겐(urobilinogen), 요소, 요산 혹
은 혈액 등이 있다. 이러한 물질을 측정하는 바이오센서는 이
미 개발되어 있다.

이러한 바이오센서 이외에도 혈압, 맥박, 심전도, 뇌파 등의

각종 물리 센서를 병용하면 다양한 신체 정보를 알아내는 것
이 가능하다. 이러한 정보는 화장실에 장치된 컴퓨터에 의해
해석되어, 만일 이상치가 나타날 경우에는 전화선을 통해 건
강원의 전문체계에 신호가 보내진다. 이 '건강원'이란 지금의
보건소 같은 조직이며 지역의 고령자 건강을 관리하는 장소이
다.

  또한 고령자의 장기에 질병이 생겼을 경우에는 인공장기를
사용하게 될 것이다. 가령 인공신장의 경우에는 요소의 분해
에 우레아제(urease)나 다른 효소가 쓰일 것이다. 인공췌장에
는 글루코오스 옥시다아제(glucose oxidase)를 사용하는 바이
오센서가 혈당치의 계측에 이용될 것이다.

  언젠가 '마이크로 결사단'이란 영화가 있었는데 마이크로머
신(micromachine) 기술을 사용하면 이러한 인공장기를 마이
크로화하여 체내에 들여보내 건강을 체크하거나, 병을 진단하
거나, 병을 치료할 수 있게 된다. 이러한 마이크로머신에서도
센서 부분에는 효소가 사용된다.

  또한 체내에 작용하기 위해서는 에너지가 필요하다. 이 전
기에너지를 공급하기 위해서는 효소전지가 사용될 것이다. 효
소전지는 혈액 속의 유기물질을 산화하거나 환원하면서 전자
를 방출하여 발전(發電)하는 것이다. 효소전지를 사용함으로
써 우리들은 장기간, 전기에너지를 신체내에서 생산하는 것이
가능해질 것이다.

  이러한 바이오마이크로머신(biomicromachine)은 신체내에
서 흡수되는 것이 바람직하다. 신체내에서 건강진단이나 치료

에 사용된 다음에는 소멸되도록 해야만 한다. 따라서 바이오 마이크로머신은 신체내에 있는 효소에 의해 분해될 수 있는 재료로서 만들어져야 한다.

이미 필자들의 연구실에서는 생분해성 천연고분자를 기본재료로 한 바이오센서의 개발을 진행하고 있다. 이러한 천연고분자와 효소를 조합한 바이오센서를 체내로 들여보내 체내의 정보를 알아내는 데 사용할 것이다. 그리고 일정 기간 작동하면 체내에서 흡수되어 영양으로써 이용된다.

다음으로 고령화하면 문제가 되는 것이 치매(癡呆) 문제이다. 만일 효소의 기능을 모방한 바이오칩(biochip)을 개발할 수 있다면 뇌와 외부의 컴퓨터를 교신시킬 수 있을지 모른다. 그렇게 된다면 우리들이 일상으로 이용하고 있는 컴퓨터로 뇌의 기능을 지원하는 일이 가능할 것이다. 나아가서 바이오컴퓨터가 개발되면 이 바이오컴퓨터에 뇌와 동일한 기능을 갖게 할 수 있다고 생각한다.

이러한 효소의 파워를 응용한 바이오칩으로 만들어진 컴퓨터가 장차 실현된다면 이것을 뇌에 집어넣어 손상을 입은 뇌 부분을 대행할 수 있게 될지도 모른다. 물론 이 대행은 기억을 도와주거나 생각하는 일을 귀찮아하지 않을 정도의 '젊음 유지' 기술이지 인격까지 변하게 하는 것은 아니다. 효소는 다양한 성질을 갖고 있고 특히 산화, 환원에 관여하는 효소 등은 바이오칩의 구성에 중요한 역할을 다하게 될 것이다.

한편, 고령화가 진전되면 당연히 로봇에 의한 고령자의 지원이 행하여지게 된다. 이러한 경우에는 지금 같은 철재, 모터, 컴퓨터를 사용한 로봇의 이미지와는 달리 인간에 가까운 '소프트한 로봇'이 될 것이다. 이러한 로봇은 생체의 근육과 매우 흡사한 메커니즘으로 작동하는 인공근육이 사용될 것으로 생각된다.

이런 것에는 고분자로 된 수축성 폴리머(polymer)가 이용되고, 전압이나 혹은 화학물질에 의해 수축이 제어될 수도 있을 것이다. 또한 로봇 그 자체의 소재도 인간의 피부와 가까운 부드러운 소재가 사용될 것이다. 또한 로봇도 고령자에게 도움을 주기 위해 요리도 할 수 있어야 한다. 그러기 위해서는 맛 센서나 냄새 센서도 부착할 필요가 있을 것이다. 이러한 검지(檢知)에는 효소나 리셉터(receptor)가 적절하게 이용될 것이다.

또한 다른 오감, 예를 들어 입체적으로 사물을 보거나 하는 시각 센서, 혹은 고령자의 소리를 듣고 분간할 수 있는 귀에 해당하는 청각 센서, 혹은 부드럽게 고령자를 끌어안을 수 있는 촉감 센서도 가지고 있는 로봇이 제조될 것이다.

이러한 로봇은 24시간 내내 고령자의 생활을 돕고 수발을 드는 일을 하는 데 사용될 것이다. 로봇의 최종목표는 그야말로 사람과 비슷한 사이보그 같은 것(android : 인조인간)이 만들어져 이것이 고령자의 생활을 지원하는 것이 될 것이다.

이러한 로봇이라도 변환효율을 높이거나 혹은 효율적으로 작동하기 위해서는 여러 효소의 메커니즘이 사용될 것이다.

이러한 경우에 사용되는 것이 이미 설명한 인공효소이다. 이러한 바이오로봇 혹은 사이보그라는 것이 아마도 고령화사회에는 불가결한 것이 될 것이다.

식량문제도 효소가 해결

또 가까운 장래의 큰 과제는 인구문제이다. 21세기 중반에
는 세계 인구가 90억에서 100억명으로 예측되어 현재 인구의
배가 된다. 이러한 인구의 증가는 주로 개발도상국에서 일어
나며 100억인 인구가 생존할 수 있을지 없을지는 큰 문제가
될 것이다.

인구가 증가한다는 것을 단순히 생각하면 식량위기의 초래
와 연관된다. 특히 개발도상국은 반드시 식량이 충분히 보급
되는 상태에 있다고는 할 수 없다. 현재 바이오테크놀러지가
진전되고 있어 이런 기술이 사용되면 육상에서는 사막이 녹화
되거나 사바나나 온대초원이 경작지로서 이용될 수 있다. 이
러한 장소에서는 실제로 농업이 가능해져 주로 탄수화물이 생
산된다. 또한 단백질이나 유지의 생산에는 해양이 이용될 것
이다.

해양에서는 해양 바이오테크놀러지를 이용하여 육종한 어류
—윤리적으로 문제가 있다고 할지 모르나—가 계속적으로 증
산되고 포획되어 단백질을 공급하게 될 것이다. 한편 이러한
농업, 수산을 거치지 않고 식량을 효율적으로 생산하는 방법
이 고려되고 있다. 이것이 이른바 바이오리액터라 불리는 것
이며 여기서는 많은 효소반응이 적절하게 이용될 것이다. 그
이유는 식물도 그렇지만, 가축과 어류에서는 제공한 사료, 비
료나 에너지가 모두 곡물이 되거나 단백질이 되지는 않기 때

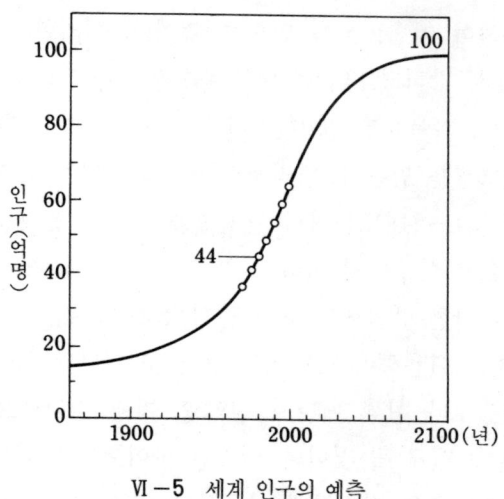

Ⅵ-5 세계 인구의 예측

문이다.

따라서 주어진 에너지나 물질이 거의 단백질이나 기타 탄수
화물이 될 수 있는 방법도 생각할 필요가 있다고 여겨진다. 가
령 바이오리액터를 이용하여 효소계에서 아미노산을 만들고
이 아미노산으로 단백질을 만들 수 있다면 매우 효율적으로
단백질을 생산할 수가 있다.

생체에서도 단백질을 만드는 공장에 해당하는 리보솜(ribo-
some) 같은 단백질 공장이 바이오리액터로 실현된다면 좋을
것이다. 우선 공기 중의 질소, 산소나 이산화탄소와 효소반응
을 적절하게 이용하여 아미노산을 만든다.

이 아미노산을 합성하기 위해서는 에너지로서 태양에너지를
이용한다. 즉 태양에너지를 이용하여 ATP를 만들고 이 ATP

를 이용하여 아미노산을 만드는 것이다. 이러한 반응은 이미 생태계에서 밝혀졌으며 이 메커니즘을 바이오리액터에 응용하는 것이다. 다음으로 생겨난 아미노산을 각각 조합시켜 이번에는 단백질을 만든다. 따라서 바이오리액터는 아미노산을 만드는 부분과, 아미노산에서 단백질을 만드는 리보솜에 해당하는 부분으로 이루어져 있다.

만일 이러한 방법으로 공기 중의 질소, 산소, 이산화탄소, 태양에너지를 이용하여 단백질을 만들 수 있다면 생물이 생산하는 단백질보다 훨씬 에너지 절약형, 자원 절약형으로 단백질을 만들 수 있게 될 것이다. 이러한 바이오리액터는 생명의 본질인 효소반응을 적절하게 이용하고 있으니 이상적인 바이오리액터라 할 수 있을 것이다.

탄수화물이나 유지의 합성도 이와 같은 견지에서 생각할 수 있다. 즉 태양에너지를 이용하여 이산화탄소를 질소와 탄소에서 합성할 수 있다. 이렇게 해서 3대 영양소인 단백질, 탄수화물, 지방을 합성할 수 있다면 이것을 적당하게 조합하여 인공식량을 만들 수 있다. 이것이 궁극적인 바이오리액터이며 이것을 실현하기 위해서는 효소가 불가결하다. 그러나 이미 설명했듯이 천연효소를 사용하여서는 불안정하거나 수명에 문제가 있어 이것을 실현하기는 매우 곤란하리라 생각된다. 역시 효소와 같은 기능을 갖고 또한 안정한 소재로서 구성된 인공효소를 사용하게 될 것이다.

이러한 체계에서는 당연히 태양에너지가 이용되며, 이 에너지가 이들 인공효소계를 움직이는 고에너지 화학물질로 변환

효소합성식품은 맛있을까.

되고 이것이 아미노산이나 단백질의 합성에 쓰이게 된다. 이러한 체계가 완성되면 우리들은 효과적으로 영원히 식량을 제조하는 일이 가능하게 된다. 물론 이러한 체계를 실현하기 위해서는 생체반응의 메커니즘 혹은 효소의 기능과 구조에 관한 기초적인 연구가 불가결하다.

만일 이러한 이상형의 식량을 만드는 바이오리액터가 실현되면 21세기에 90억에서 100억 명으로 인구가 늘어나도 식량을 공급할 수는 있게 될 것이다. 그러기 위해서는 이미 설명했듯이 환경을 정비하고 의료관계에 힘을 써 2배의 인구를 이

지구상에서 생존시킬 수 있도록 여러 가지 연구 개발을 해야
할 필요가 있는 것이다.

청정에너지를 효소가 만든다

가까운 장래의 네번째 과제는 에너지 문제이다. 화석연료에
의존하고 있는 현대사회에서는 화석연료의 고갈이 21세기에
생겨날 것이 염려되고 있으며, 적극적으로 화석연료를 이용하
지 않는 공정의 개발이 매우 중요하다고 생각된다.

그러기 위해서는 화석연료를 대체할 에너지를 구해야만 한
다. 현재로서는 원자력에너지가 역할을 담당할 것으로 여겨지
나 원자력에너지에는 여러 문제가 생겨 해결하지 않으면 안될
문제가 많다. 그러나 폐기물의 문제를 제외하고, 대기에 미치
는 영향만으로 생각하면 원자력에너지는 깨끗한 에너지라고
말할 수 있으며 화석연료의 낭비를 막을 수 있다.

100년 후를 생각하면 핵융합도 실현할 가능성이 없다고는
할 수 없다. 또한 청정에너지의 대표로서 태양에너지의 이용
도 하나의 중요한 포인트이다. 예를 들면 가정에서도 태양전
지의 기와를 사용하여 가정의 전력 소비를 적게 하거나 혹은
찌꺼기 등을 메탄발효를 시켜 석유 소비를 적게 하는 방법이
개인 차원에서 이루어지면, 에너지의 낭비가 적어지고 자원을
유효하게 이용하는 것이 가능해질 것이다.

이러한 상황 속에서 바이오테크놀러지를 활용한 에너지의
생산이 하나의 공헌을 하리라 보여진다. 예를 들면 산업 폐기
물, 도시 쓰레기, 농업 폐기물 등에 포함되어 있는 셀룰로오스

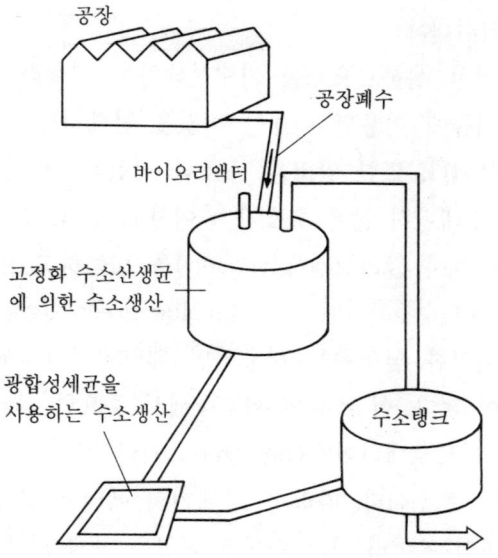

Ⅵ-6 공장폐수에서 수소를 생산한다.

는 셀룰라아제라는 효소를 작용시키면 분해되어 글루코오스가 된다. 글루코오스는 미생물의 가장 좋은 영양원이므로 이것을 효모에 작용시키면 알코올이 생산된다. 또한 수소산 생균(水素産 生菌)을 작용시키면 수소로 변환할 수 있다. 더욱이 메탄산 생균으로는 메탄으로 변환할 수 있다.

이처럼 바이오매스(biomass)라고 불리는 식물자원이나 종이 등의 도시 폐기물 그리고 농업 폐기물 등에서 액체연료인 에탄올이나 부탄올, 기체연료인 수소나 메탄을 만드는 일이 가능하다. 이러한 바이오매스 에너지는 역시 에너지 문제를 해결하는 데 도움이 되리라 여겨진다. 이 공정에서도 각종의 효소가 활약한다.

이미 설명한 셀룰로오스를 가수분해하는 셀룰라아제 역시 녹말계 폐기물에 이용할 때에는 이것을 분해하는 α-아밀라아제가 사용된다. 또한 알코올, 수소나 메탄을 만드는 데에도 균체 속에서 대단히 많은 효소가 관여하고 있다. 또한 태양에너지를 이용하여 글리코겐(glycogen)을 비축하고 이 글리코겐을 분해하여 수소를 내는 남조류(blue-green algae)도 알려져 있다. 이러한 남조류를 사용하면 태양에너지에서 수소가 생기는 셈이 된다. 이 조류의 세포내에서 중요한 작용을 하고 있는 것은 니트로게나아제(nitrogenase)라 불리는, 질소고정에 관여하는 효소이다. 따라서 21세기의 에너지 문제에도 효소의 슈퍼파워는 여러 가지 형태로 역할을 하게 된다.

뇌 기능 해명의 열쇠를 쥐고 있는 효소

21세기의 커다란 과제 중 마지막 것은 뇌 기능의 해명이다. 즉 우리들 과학기술자의 최후 목적의 하나는 뇌의 이해이다. 흔히 고도정보화사회란 말을 듣는데, 이것은 노이만형 컴퓨터(Neumann형 Computer)를 기초로 한 것이다. 그러나 21세기에는 생물의 커뮤니케이션에서 배우고 그것을 응용함으로써 우리들이 만족할 만한 정보화사회가 실현될 수 있으리라고 생각된다.

그리고 생체간의 정보를 연구하는 것이 바이오커뮤니케이션(biocommunication)의 분야이며 가령 '마음의 과학'도 그중의 하나이다. 바이오커뮤니케이션의 큰 과제 중의 하나는 마음을

무언가의 인터페이스(interface)를 이용하여 외부로 끌어내는
일이다.

이 마음의 움직임을 어떠한 장치(device ; 디바이스)를 사용
하여 우리들이 알게 할 수는 없을까. 그것으로 말을 교환하지
않고 상대를 이해할 수도 있다는 뜻도 된다. 전세계의 사람들
이 서로가 마음을 통해 같은 목적을 향해 생활할 수 있다면
대단히 바람직한 일이다.

현재 다양한 뇌신경 연구가 진행되고 있으며 가까운 장래에
뇌신경계에서는 어떤 메카니즘으로 정보처리를 하고 있는가
하는 것이 해명될 것이다. 뇌신경계 연구의 궁극적인 목적은
뇌의 기능을 이해하는 것과 아울러 뇌의 기능을 우리들의 복
지에 활용하려는 것이다.

특히 고령화가 급속하게 진행되고 있는 현재, 고령자의 치
매 문제는 심각하다. 치매는 앞으로 첨단기술에서 지원해야만
한다고 생각된다. 그러나 이미 설명한 인터페이스를 사용하면
뇌 기능의 손상을 받은 사람에게 컴퓨터로 외부에서 지원하는
것도 불가능하지는 않다.

물론 그런 인터페이스를 실현하기 위해서는 바이오칩이나 바
이오센서 등이 필요하다. 바이오커뮤니케이션의 본체는 화학물
질이다. 화학물질로 정보를 전달하고 있는 하나의 예로서 신경
이 있다. 신경은 신경의 말단까지는 정보가 전기자극의 형태로
전달되지만, 그 말단까지 오면 다른 신경과의 시냅스(syna-
pse : 접점)가 되고 그 곳에서는 약간의 간격이 생긴다.

그렇다면 어떻게 시냅스 부분에 정보가 전해지는 것일까.

그것은 전기 펄스에 따라 신경에서 화학물질이 방출되기 때문에 전달되는 것이다. 이 화학물질이 신경전달물질이라 일컬어지는 것으로, 두 개의 신경말단 사이의 갭(gap)에 대해 확산되어 상대측에 있는 리셉터(receptor : 수용체)에 붙는다. 신경전달물질이 리셉터에 결합되면 다시 전기 펄스가 발생하여 신경을 통해 전해진다. 신경의 정보전달 방법을 보면 바이오 커뮤니케이션의 본체는 역시 신경전달물질 같은 화학물질과 전기적인 자극이 아닌가 하는 생각이 든다.

화학물질은 바이오센서로 측정하고 전기신호로 바꿀 수 있다. 바이오센서는 이른바 생체정보와 전기적인 정보의 인터페이스이며 생체정보를 해독하려면 바이오센서를 사용하면 된다.

현재는 반도체 가공기술을 이용하여 대단히 작은 센서를 만들 수 있게 되었다. 이것을 뇌에 집어넣어 화학정보를 우리들이 해독할 수 있는 정보로서 취득할 수 있다. 이처럼 바이오센서에 의해 해독한 생체정보로 질병을 진단하거나 건강상태를 점검할 수 있다. 생체정보는 바이오센서를 통해서 컴퓨터의 정보로 변환되고 그것이 정보연락망에 연결되어 보건소나 병원과 가정이 밀접하게 연결된다.

생태계에서는 결코 1개의 생물이 독립하여 살아가고 있는 것이 아니며 많은 생물이 나름대로 공생관계에 있다. 가령 인체내에서도 장내에 있는 여러 가지 세균은 우리들의 건강을 유지하는 데 있어 중요한 작용을 하고 있다. 이러한 공생관계에서 어떠한 커뮤니케이션이 이루어지고 있는가 하는 것도 바이오칩이나 바이오센서라는 인터페이스를 사용하면 해명하는 것이 가능해질 것이다.

커뮤니케이션에 관계되는 물질을 바이오센서나 바이오칩으로 하나하나 확인한다면 뇌의 정보처리 기능도 알아낼 가능성이 있다. 필자의 연구실에서는 생쥐의 소뇌에 있는 신경전달물질인 글루탐산에 주목하여 연구하고 있다. 이것은 뇌 기능 해명을 위한 접근법이다. 뇌의 기능을 최종적으로 알게 된다면 우선 복지에 활용시키는 것이 바람직하다. 또한 여러 가지 원인으로 정신에 장애가 있는 사람들의 지원에도 보탬이 될 것이다.

한편, 뇌의 메커니즘이 알려지면 또 하나의 가능성이 엿보인다. 그것은 우리들의 뇌와 동일한 컴퓨터를 만든다는 것이다. 우리들의 뇌와 동일한 기능을 가지는 컴퓨터로서는 바이오컴퓨터 또는 뉴로컴퓨터(neuro computer)라고 말하는 것이다. 이것은 뇌가 사물을 생각하는 것처럼 컴퓨터에게도 사물을 생각하게 하는 것이다.

즉 우리들이 자고 있을 때 혹은 놀고 있을 때, 우리들의 일을 대행시키는 것이 가능하게 된다. 인간의 뇌와 비슷한 컴퓨터란 것은 인공지능의 최종 목적이다.

바이오소사이어티를 지향하여

저자는 21세기에 바이오커뮤니케이션이 이룰 역할은 세 가지라고 생각하고 있다. 첫째는 마음을 과학적으로 해명하는 일이고, 두번째는 뇌와 유사한 컴퓨터를 만드는 것이며 그리고 세번째는 생물끼리 의사전달이 가능하게 되어 서로 스트레스가 없는 환경을 만드는 것이다.

산업이나 사회가 생태계와 공존하고 공영하는 세계를 필자는 바이오소사이어티(biosociety)라고 부르고 있다. 이와 같은 세계야말로 생물이 진정한 의미에서 안심하고 살 수 있는 세계이며 생물이 공존할 수 있는 환경이야말로 바이오소사이어티라고 생각한다. 이것의 기반기술은 바이오테크놀러지이며, 그 기본을 담당하고 있는 것은 효소라는 생체촉매이다. 이 효소의 메커니즘이 여러 가지 분야에서 응용됨으로써야 비로소 우리들이 살기 좋은 바이오소사이어티가 실현될 것이다.

참고문헌

『酵素』 一島英治 著 東海大学出版会(1984)

『わか輩は酵素である』 藤本大三郎 著 講談社(1991)

『酵素応用のはなし』 輕部征夫 著 日刊工業新聞社(1986)

『バイオセンサー未來の生物科学シリーズ〈4〉』 輕部征夫 著
    共立出版(1986)

『バイオエレクトロニクスの未來』 輕部征夫 著 NTT出版
    (1992)

『バイオのはなし』 輕部征夫 著 日本実業出版社(1991)

『地球環境にやさしいバイオ』 輕部征夫 著 NTT出版
    (1990)

『絵でわかるバイオテクノロジー』 輕部征夫 著 日本実業出
    版社(1992)

찾아보기

슈퍼파워 효소의 경이
— 여기에도 효소, 저기에도 효소 —

1994년	9월	10일	인쇄
1994년	9월	20일	발행

옮긴이 공광훈
펴낸이 손영일
펴낸곳 전파과학사
서울시 서대문구 연희2동 92-18
TEL. 333-8877·8855
FAX. 334-8092   1956. 7. 23. 등록 제10-89호

공급처 : 한국출판 협동조합
서울시 마포구 신수동 448-6
TEL. 716-5616~9
FAX. 716-2995

• 판권 본사 소유   • 파본은 구입처에서 교환해 드립니다.
                         • 정가는 커버에 표시되어 있습니다.

ISBN 89-7044-170-0 03430

BLUE BACKS 한국어판 발간사

블루백스는 창립 70주년의 오랜 전통 아래 양서발간으로 일관하여 세계유수의 대출판사로 자리를 굳힌 일본국·고단샤(講談社)의 과학계몽 시리즈다.

이 시리즈는 읽는이에게 과학적으로 사물을 생각하는 습관과 과학적으로 사물을 관찰하는 안목을 길러 일진월보하는 과학에 대한 더 높은 지식과 더 깊은 이해를 더하려는 데 목표를 두고 있다. 그러기 위해 과학이란 어렵다는 선입관을 깨뜨릴 수 있게 참신한 구성, 알기 쉬운 표현, 최신의 자료로 저명한 권위학자, 전문가들이 대거 참여하고 있다. 이것이 이 시리즈의 특색이다.

오늘날 우리나라는 일반대중이 과학과 친숙할 수 있는 가장 첩경인 과학도서에 있어서 심한 불모현상을 빚고 있다는 냉엄한 사실을 부정할 수 없다. 과학이 인류공동의 보다 알찬 생존을 위한 공동추구체라는 것을 부정할 수 없다면, 우리의 생존과 번영을 위해서도 이것을 등한히 할 수 없다. 그러기 위해서는 일반대중이 갖는 과학지식의 공백을 메워 나가는 일이 우선 급선무이다. 이 BLUE BACKS 한국어판 발간의 의의와 필연성이 여기에 있다. 또 이 시도가 단순한 지식의 도입에만 목적이 있는 것이 아니라, 우리나라의 학자·전문가들도 일반대중을 과학과 더 가까이 하게 할 수 있는 과학물저작활동에 있어 더 깊은 관심과 적극적인 활동이 있어 주었으면 하는 것이 간절한 소망이다.

1978년 9월

발행인 孫 永 壽